환경생태미래연구총서 VI

전통공간 숲의 변화

창덕궁 후원 및 여러 왕릉 숲의 30년간 변화

이경재 저

전통공간 숲의 변화

창덕궁 후원 및 여러 왕릉 숲의 30년간 변화

초판 1쇄 인쇄 | 2020년 5월 10일
초판 1쇄 발행 | 2020년 5월 15일

지 은 이 | 이경재
발 행 인 | 이상춘
발 행 처 | 광일문화사

주 소 | 서울특별시 강남구 학동로 323(한미빌딩)
전 화 | (02) 517-5555
팩 스 | (02) 545-5786

ISBN 978-89-86752-74-8 93520

값 80,000원

들어 가는 글

금번 출판하는 책자에서는 전통공간을 다루었다. 유네스코 세계문화유산에 등록된 창덕궁 후원과 조선왕릉은 우리에게는 대표적이면서, 소중한 전통공간이다.

창덕궁 후원은 죽기전에 꼭 보아야할 세계정원 1001개소 정원에 천리포수목원과 함께 수록된 세계적으로도 알려진 정원이다. 후원에서의 전통공간적인 정원은 4개소인데, 이들 정원을 돋보이게 하는 요소는 정자 이외에 주위를 에워싼 자연숲이다.

전통공간에서 건축물 보전은 조영되어 있는 건물을 복원, 유지하는 일이다. 그러나 전통적인 숲의 유지는 간단한 문제가 아니다. 숲이라는 자연은 쉴새 없이 계속 변화하기에 되돌릴 수가 없다. 흘러간 물이 물레방아를 돌릴 수 없는 일이다. 아울러 되돌릴 수 있다하더라도 어느 시점을 기준으로 해야하는지를 가늠할 수가 없다.

특히 숲은 진화 특성상 양수위주 숲에서 음수위주 숲으로 변하기에 돌아가기가 자연적으로는 거의 불가능하다. 인위적으로 한다면 기존의 숲을 모두 제거하고 새롭게 숲을 조성해야 되는데 이것이 가능한 이야기가 될까? 후원숲은 1820년대에 그려진 동궐도 그림에 의하면 능선부를 위주로 대부분 낙락장송(落落長松)이었다. 그러나 현재는 후원 소나무는 거의 사라졌고, 참나무숲으로 바뀌었다.

우리 온대 중부지방에서 숲의 생태적 천이는 소나무숲→참나무숲→서어나무숲으로 진행되어야 극상(極相; Climax)단계에 이른 숲이 서어나무숲인 것이다. 후원의 참나무숲은 천이상 중간단계이지만 극상단계로 진화할 수가 없다. 참나무숲으로 유지될 수 밖에 없다.

참나무숲으로 계속 유지하기 위해서는 참나무에서 떨어진 도토리에서 어린

나무가 생겨나서 잘 크고, 큰 나무로 성장해야하는 순환이 잘 이루어지는 숲이어야 한다. 그러나 후원숲은 지난 50년 이상의 세월동안 도심에서 각종 대기오염물질을 뒤집어써 왔다. 그 결과 토양은 산성화되고, 비가 오면 양이온의 성분이 빠져나가 영양결핍상태의 토양으로 변하였다.

참나무숲은 토양에 영양분이 보충되지 않아, 참나무들이 쇠약해져 각종 병충해에 저항력이 약해진다. 하나의 예로, 1990년대 초에 참나무시들음병에 감염되어 고사한 참나무 수 백주가 베어 나갔다. 아울러 도토리에서의 어린 나무 생장도 기대난망이 되었다. 참나무숲의 안정상태가 깨져 다른 교목 수종이 자리할 가능성이 커진 것이다.

비원 참나무숲을 건전하게 유지를 위해 제일 중요한 일이 대기오염물질을 줄이는 것이다. 이일은 나부터 시작해야 한다. 지금까지의 탐욕적이고, 과소비의 생활을 보다 단순하고, 검소하게 살아 모든 환경오염 베출양을 줄이도록 노력해야한다. 그런 이후에 다른 사람에게도 이런 생활을 권해 대기오염물질을 줄이는 것만이 후원숲을 살릴 수 있다.

이런 전제위에서 후원 토양을 과학적으로 분석하여 모자라는 영양물질을 공급해 주어야 한다. 아울러 전문가들에 의한 숲의 구조를 정확히 산술적으로 분석한뒤 정상적인 참나무숲과 비교하여 모자라는 분량만큼 도토리와 다른 교목 수종 종자를 파종하고 살려야 한다. 구경꾼의 수준으로는 후원숲을 살릴 수가 없다. 지금처럼 파멸 상태의 후원숲으로 전통숲의 명맥을 유지시킬 수는 없다. 사람손으로 망쳐 놓은 숲을 사람손으로 복원부터 시켜야한다.

왕릉숲에 대한 대응은 후원숲과 다르다. 왕릉숲은 소나무숲과 오리나무숲의 복원, 보호가 우선 과제이다.

우선적으로 소나무숲에 대한 복원 문제를 심각하게 생각해야 한다. 왕릉숲은 과거 백년간 계속 도벌이 진행되어 왔다. 조선시대에는 왕릉숲은 금송(禁松) 제도가 엄격하게 시행되어 형질이 우수한 소나무가 살았을 것이다.

이후 일제강점기에는 일본인들에 의해 좋은 소나무가 베어져 나갔을 것이다. 남은 얼마간의 좋은 소나무는 기둥과 서까레용으로 한국전쟁이후 생존을 위해 지역 주민들에 의해 거의 짤려나가게 된 것이다. 아울러 장작감으로도 소나무가 많이 희생되었다. '못난 나무가 산을 지킨다'라는 격언이 생긴 것이다.

힘들었던 지난 백년의 역사속에서 간신히 살아남은 현재의 왕릉 소나무숲은 대단한 존재이다. 소나무숲을 구성하는 나무들 나이가 많아야 40~50년생된

나무들이다. 이 나무들은 어릴 때 우듬지가 거의 베어져 곁가지가 자라나 지금의 소나무들은 줄기가 휘고, 수관내 가지가 뒤틀린 불량한 소나무들이 대부분이다.

유네스코 문화유산에 등록되었다지만 소나무들은 불량한 개체들이 대부분인지라 세계적인 문화유산에는 함량 미달의 나무들이다. 왕릉 구역 소나무들은 오래 지속되어 후손들에게 세계적인 긍지를 심어줄 것이다. 그러나 소나무 개체적으로는 비비꼬인 나무들을 후손에게 넘겨줄 유산일까? 하루 빨리 불량한 소나무들을 낙락장송으로 바꾸어 나가야 한다.

필자가 관찰한 바에 의하면, 십여년전부터 뜻을 가진 한 직원분이 준경묘 소나무중 우량한 개체에서 종자를 받아 포트묘로 소나무를 키워 산불피해 현장에 심기 시작했다. 아울러 왕릉 소나무숲에도 식재하였다. 처음 시도한 장소가 서울 서초구 헌인릉중 헌릉 비각 남동쪽 소나무숲으로 새로 식재한 소나무를 볼 수 있다. 줄기가 통직하고 우듬지가 모두 살아있어 앞으로 우량한 소나무로 클 것이다.

한 사람의 생각과 행동으로 왕릉 소나무숲 미래의 밝은 모습을 보게된 것이다. 이제 이런 분들을 중심으로 하여 문화재 관리 당국은 전문팀을 구성하여 하루 속히 불량 소나무숲을 개선하여야 한다. 건축물은 조영한 뒤 20~30년후에는 보수내지 재건축을 하게 된다. 그러나 살아있는 숲은 완전 개선은 안되고, 조금씩 소규모로 개선해나가야 한다. 이런 관계로 제일 먼저 해야할 일이 소나무숲 개선이다. 못 알아 들으면 할 수 없지만...

두 번째로 해야할 일이 오리나무숲의 복원과 보호이다. 홍살문 인근 저지대의 오리나무숲은 왕릉 자연의 매력 포인트이다. 그런데 지난 40~50년간 오리나무 습지지역을 여러 행태로 건조화 시켜 갈참나무와 오리나무가 함께 자라는 활엽수숲으로 변화되는 중이다. 이제 오리나무숲을 되살리는 작업이 필요하다. 습지를 복원하고 어린 오리나무들을 식재하여 오리나무숲을 복원해야 한다.

왕릉 구역은 자연속에 봉분과 작은 건축물을 조영하고, 소나무와 오리나무들을 심어 왕릉의 독특한 숲을 조성하고, 관리해 온 것이다. 생태적 천이를 방해한 방해극상(妨害極相) 관리방법을 활용한 것이다. 방해극상 방법으로 관리하는 숲은 그대로 놔두면 자연의 질서에 따라 생태적 천이가 진행된다. 그렇지만 숲을 꾸준히 관리하면 낙락장송의 소나무숲과 건강한 오리나무숲의 왕릉숲으로 개선, 유지될 것이다.

첨단기계문명의 백미인 IT시대로 발전할수록 경제규모는 성장하겠지만 문명의 해독은 점점 커질 것이다. 사람에 대한 IT문명 해독은 약품으로 어느 정도 해결해 주겠지만 근본적인 치료는 되지 못한다.

법정(法頂)스님은 말씀하셨다. "IT문명의 해독은 자연밖에 없다". 창덕궁 후원과 40기의 조선 왕릉은 도심과 도시 근교에서 쉽게 우리가 찾을 수 있는 IT문명의 해독을 풀어 주는 귀중한 공간이다. 보다 아름답고, 보다 건강한 자연을 IT시대 문명에 찌든 현대인의 가슴으로 받아 들일 수 있는 곳으로 조성, 관리해야 한다. 첨단문명시대가 발전할수록 하루 빨리 시작해야하는 급한 일이 전통공간의 자연성 회복이다.

본 출판물 시리즈를 항상 지원해 주시는 광일문화사 이상춘사장님이 나이 들어가는 필자에게는 영원한 등대이다. 항상 불을 밝혀 주세요. 늘 곁에서 적극적으로 후원해 주는 그분이 항상 건강하게 살기를 기원합니다. 미국생활 10년을 마치고 우리나라 생활을 적응하기 시작한 승훈 정규, 수현, 주형, 그리고 항상 열심히 제 할 일을 다하고 있는 정원, 상미에게 감사합니다. 저를 아껴 주시는 많은 분들에게 항상 감사드립니다.

2020년 3월

우거(寓居)에서 대하(大河)

이 경 재

차 례

제 1 부

창덕궁 후원의 30년간(1989~2019년) 변화

제1부
창덕궁 후원의 30년간(1989~2019년) 변화

1. 후원의 역사와 담장 밖 은행나무

조선조 태종 5년(1405년) 창덕궁 건립과 후원은 역사를 같이 한다. 임진왜란(1592년 발발)때 창덕궁이 피해를 입고나서 20년간 방치이후 광해군때 복원하게 된다. 고종때 경복궁 복원시까지 창덕궁은 임금들이 거처이었고, 함께 후원이 이용되었다. 1912년이후 일제에 의해 일반인에게 공개되었다가 1976년이후 일반인들 출입이 금지되기도 하였다.

창덕궁은「세계문화유산 및 자연유산 보호에 관한 협약」에 따라 1997년 12월 6일 유네스코가 정한 세계유산으로 등록되었다. 창덕궁의 문화유산 가치가 국제적으로 인정을 받은 것이다. 그리고 후원은 조선시대 작품으로서 자연경관, 조화로운 건축물, 조경의 예술적 가치가 뛰어난 우리나라의 대표적인 전통정원이다.

2007년 영국에서 발간한「죽기전에 보아야할 세계 정원 1001개소」책자에 한국정원 2개소가 실려 있다. 영국에서 발간된지라 유럽과 미국 정원, 아시아에서는 중국과 일본 정원이 많이 소개되어 있다. 우리나라는 창덕궁 후원과 천리포 수목원만 실려 있다. 어찌되었든 창덕궁 후원은 세계적으로 유명한 정원이다.

세계정원 1001개소 책자의 후원 내용을 요약해 본다. 15세기와 17세기에 조영된 공간으로 면적 32ha이며, 현대적인 고층 건물로 들어찬 서울 도심속에서 담장안에 감추어진 전통적인 정원으로 소개하고 있다. 서울 도심에 있다고 생각되지 않는 비원에는 잠자리가 날고, 매미가 울며, 단풍나무, 연못의 수련, 암반에 곡선으로 깍은 물길 등 한국의 전통적이고 자연경관 디자인이 아름다운 정원이라고 하였다.

후원의 전체 면적은 2008년도 조사에 의하면 약 440,707㎡이며, 숲 면적만 66.6%인 293,455㎡에 이른다. 창덕궁 후원은 태종의 창덕궁 창건 당시에 조성되었으나 임진왜란때 대부분의 정자가 불타 버렸고, 1623년 인조때부터 개수, 증축되었다고 현장 해설판은 설명하고 있다. 후원은 자연 지형을 살려 골짜기에 위치한 부용지(芙蓉池), 애련지(愛蓮池), 관람지(觀覽池), 옥류천(玉流川) 4개소 정원에 최소의 인공을 가미하여 자연경관의 아름다움을 창출하였다고 한다.

1820년대에 제작된 동궐도는 하단부에 각종 건축물이 그려져 있고, 상단부에는 숲지역이 4개소 정원과 함께 표현되어 있으나 숲의 면적이 작게 그려져 있다. 그리고 경사가 있게 표현하고 있다. 2008년 서울시립대 환경생태연구실 팀원들이 작성한 미지형 분석도에 의하면 표고가 해발 30~70m의 저지대이다.

북쪽이 높고 남쪽이 낮으며, 남쪽에 궁궐이 위치하고 후원은 북쪽에 위치한다. 주능선이 남북으로 길게 형성되었으나 능선은 규모가 작고, 대신 계곡이 넓게 분포한다. 자연계곡이 5개소(총길이 560m), 인공 연못 5개소(전체 면적 3,333㎡), 용출점 4개소, 옥류천의 암반에 조성한 물길 19m 등으로 형성되어 있다. 주능선 동쪽 계곡에 4개소의 정원이 조성되어 자연과 조화스런 비원을 조성한 것이다.

이런 역사가 오래된 후원숲을 이루고 있어야하는 우리 전통 수종은 소나무이어야 할 것이다. 동궐도(1820년대 제작)에 의하면 4개 정원을 에워싸고 있는 능선에는 낙락장송들이 주를 이루고 있었다. 또한 1902~1903년에 한양에 주재한 이탈리아 총영사 까를로 로제티(Carlo Rossetti)가 찍은 사진을 중심으로 1904년에 이탈리아에서 출간한「Corea e Coreani」에 의하면 옥류천내외에는 낙락장송이 잘 자라고 있었다.

2008년에 작성한 현존식생도에 의하면 전체 숲의 5.6%가 소나무숲이다. 이 중 최근 10~20년동안 식재한 소나무들을 제외하면 오로지 숲속에 자라는 소나무는 30여 주. 면적 비율은 2%미만이다. 지금은 소나무가 베어나간 후에 대상수종(代償樹種)으로 자라난 참나무류가 숲 면적중 70%가 넘게 차지하고 있다.

1820년대부터 1903년까지 후원숲에서 주를 이루었던 소나무는 어디로 갔을까? 일제강점기인 1910년대 이후에 소나무숲이 사라진 것이다. 깊게 생각하지 않아도 일제강점기와 한국전쟁시대인 1910~1953년까지에 소나무가 대부분 짤려 나간 것이다. 현재 남아 있는 숲속 소나무가 50~70년생임을 감안할 때 이 시기에 짤려 나간 소나무들의 후손이다.

우리나라 전통적인 정원, 창덕궁 후원숲이 전통수종인 소나무 대신 자라난 수종인 참나무숲으로 50~70년생들이 형성하고 있는 것이다. 70~110년전에 사라진 소나무숲을 복원하는 것은 불가능한 일이다. 건축물은 조성한뒤 오래되어 쇠락하면 다시 개축하여 건축 초기의 모습으로 되돌릴 수가 있다. 그러나 숲은 자연이다. 자연은 살아 있기에 계속 변하여 오래되면 초기 모습으로 되돌릴 수 없다. 물이 흐르지 않고 고이면 썩기 마련이다. 자연이 매순간 변하지 않으면 병들은 것이다. 전통숲이 아닌 비원숲을 탐방할 때마다 매번 낯선 기분이 든다. 이제 소나무숲으로 환원할 수가 없다.

창덕궁 안내도는 1999년에 서 있었던 것이 후원 자연이 잘 그려져 있었다. 숲, 탐방로, 그리고 북동쪽 4개소 정원이 잘 표현되었다. 한가지만 옥의 티. 능선과 계곡이 명확하지 않아 현장 답사를 하기전에는 구분이 쉽지 않다.

창덕궁 돈화문(敦化門)을 들기전 담장밖 서쪽 기념품점 앞마당의 대형 은행나무를 만나게 된다. 필자는 지난 30년간 30여 차례 창덕궁 후원을 탐방할 때마다 이 나무의 안위를 살펴 보았다. 나이가 1백년이 훨씬 넘는 이 나무는 줄기가 짧아 가분수 수형을 갖고 있다. 대신 수관이 넓은 나무이다. 주차장이라 너무 척박하여 겨울 모습은 기운이 쇠한 모습이다. 겨울을 제외한 3계절은 옷을 입고 있어 고운 자태를 보여주고 있다. 계속 아무 탈 없이 창덕궁을 호위

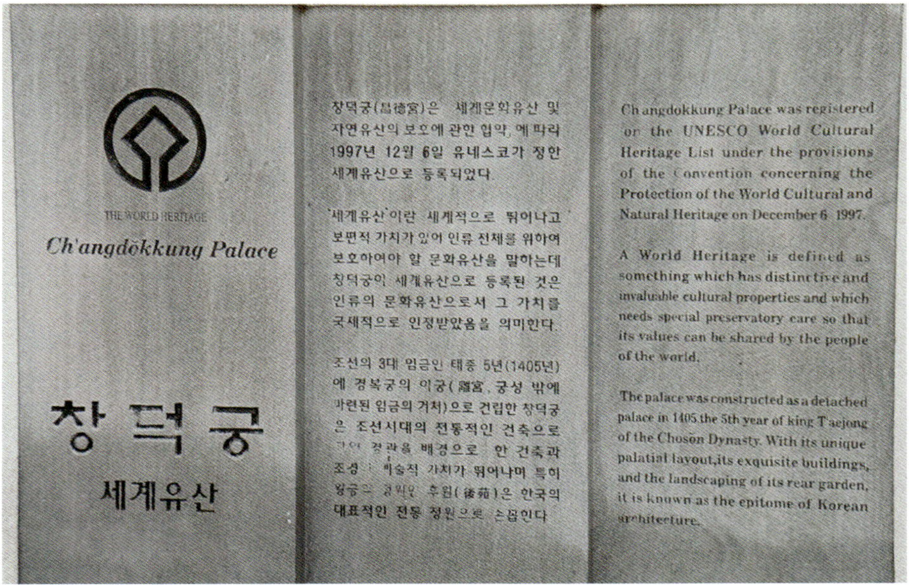

창덕궁은 1997년 12월 6일에 유네스코의 세계문화유산에 등재되었다는 표석(16.08.20)

1820년대 후반에 제작된 동궐도에 4대 정원을 표시하였다

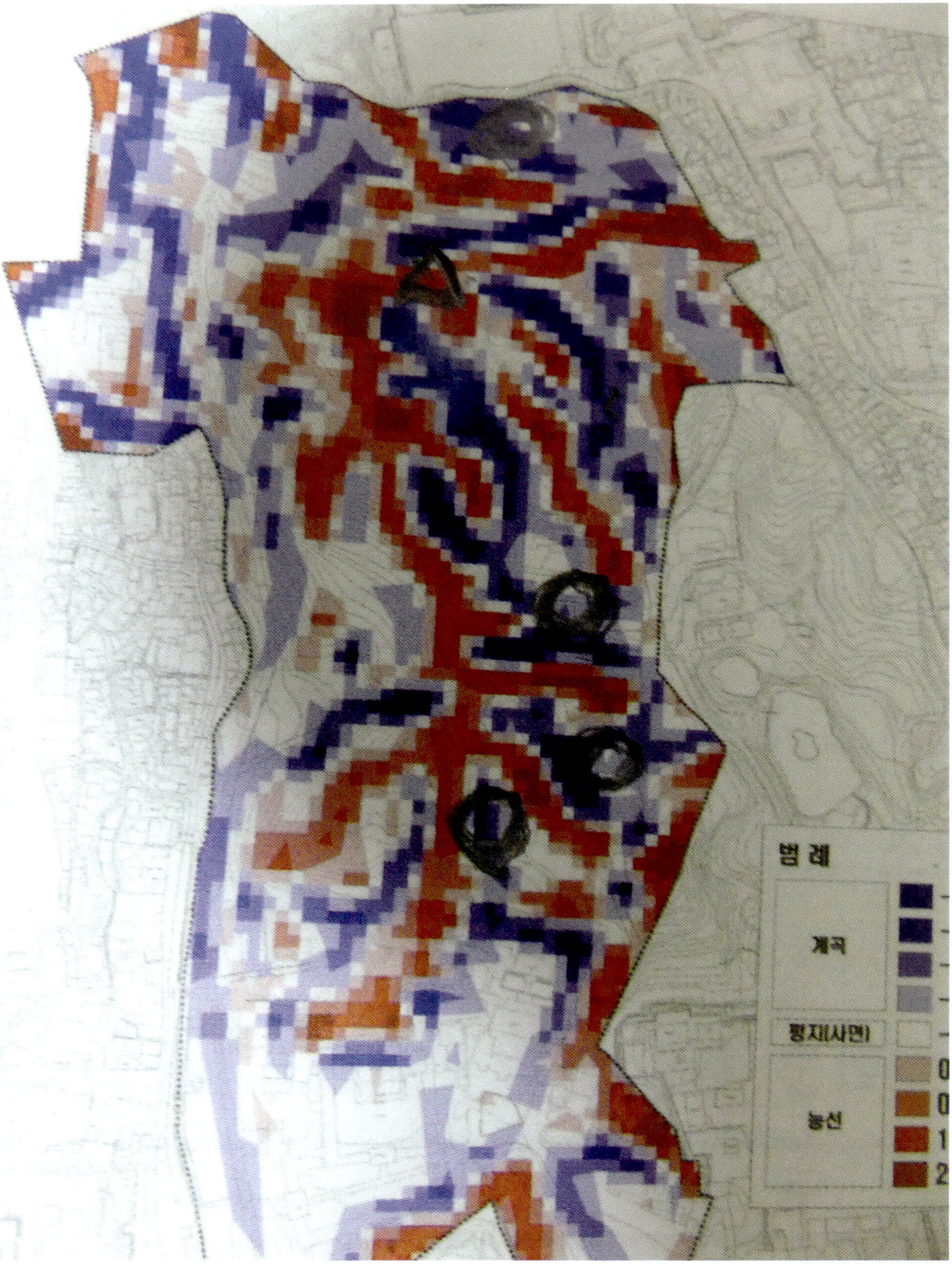

창덕궁 후원의 미지형 분석도. 4대 정원(○)이 동,북쪽 계곡부에 조영되어 있어, 자연 지형과 조화로운 정원임(09.08)

하여 주기를 기원한다. 2019년 11월에 방문하였을 때는 매점이 없어지고 다른 건축물 공사를 하여 이 은행나무를 접근할 수 없었다.

1902~03년 옥류천의 낙락장송은 모두 없어졌다(까를로 로제티, 1904)

'99년도 창덕궁 안내도. 4개의 정원이 동북쪽에 조영되어 있음을 잘 표현(99.11.19)

후원의 현존식생도. 짙은 초록색 부분이 소나무림. 중앙만 자연숲, 나머지는 최근 식재한 소나무숲(09.08)

후원은 태종때 조성, 임진왜란때 정자 소실. 1623년 인조이후 개수. 당시 북동쪽 계곡에 네정원이 조성됨(16.08.20)

담밖의 은행나무 겨울 모습. 잔 가지가 뚜렸하게 보인다(91.02.11)

2008년도 초여름 은행나무(08.05.26)

2013년 은행나무 겨울모습. 1991년보다 왜소해 보인다(13.02.27)

은행나무의 가을 모습. 은행나무로는 보기 드문 원정형(06.11.17)

은행나무가 개엽 초기라 줄기와 가지 모습이 보인다. 우듬지가 없어져 원정형 수형이 됨(13.02.27)

노목의 은행나무가 만추를 알려준다(12.11.09)

은행나무 잎은 5월 초인데 벌써 짙은 초록색(13.05.07)

주차장 공사로 은행나무를 서쪽 담장밖에서 해후했다. 건강한 모습이다(19.11.16)

2. 천연기념물

후원의 역사가 깊어 천연기념물로 지정된 4종의 나무들이 자라고 있다.

은행나무가 암나무인지라 금년에도 열매가 많이 달렸다(19.11.16)

(1) 회화나무

돈화문을 들어서면 앞마당 동서쪽에 자라고 있는 회화나무 8주가 모두 천연기념물이다. 나무들 키가 15~16m, 가슴부위 직경이 84~107cm(2008.6. 현재)에 달하고 나이는 3백~4백년으로 안내판은 말하고 있다. 1820년대 그린 동궐도에 나타나며, 임진왜란이후 타버린 궁궐을 다시 지을 때 심은 것으로 추정된다고 한다.

회화나무는 槐木(괴목, 홰목)이라는 한자로 쓴다. 槐木은 회나무, 회화나무, 느티나무를 뜻한다고 한다. 또한 회화나무 한자를 櫰(회)라고 쓰며, 꽃을 돋보이려 櫰花나무라고 전해진다고 임경빈 선생님은 나무백과에서 서술하셨다. 중국에서는 옛날부터 회화나무를 귀하게 여겨 왔다고 한다.

회화나무는 중국 원산 수종으로 양쯔강과 황하 유역에 자생한다. 중국에서는 주(周)나라 시대에는 조정에 회화나무 세 그루를 심어 三公(우리나라로 치면 영의정, 좌의정, 우의정)의 위계를 나타내는 수종으로 삼았다고 한다. 회화나무는 8월에 노란 빛이 도는 꽃이 피는데 황금색을 좋아하는 중국인들이 귀하게 여긴 나무라고 한다.

중국에서는 장안(長安)에 가로수로 회화나무를 심어 학문하는 사람들이 이 나무 아래에서 학술적인 논리를 주고 받아 이후 학문하는 곳, 서원 등의 상징 수종이 되었다고 한다. 우리나라에서도 사당, 서당에 심어 학자수(學者樹)라고 부른다.

경주 계림(桂林)은 삼국사기에 의하면 탈해왕 9년(서기 65년)에 시작된 숲으로 느티나무, 회화나무, 팽나무, 왕버들이 주요 구성 수종으로 현재 모두 거목이다. 회화나무를 2 천년전에 우리나라에 심기 시작한 것이다.

이런 많은 사연의 나무이지만 콩과식물로 수명이 긴 나무가 많지 않다. 돈화문 마당 회화나무중 금호문(金虎門) 입구에 서 있는 나무가 기력이 쇠해져 껍질이 벗겨진 모습을 2006년 11월에 볼 수 있었다. 그간 수목치료술을 동원, 치료하여 2019년 4월에는 굵은 줄기에서 가지가 자라나는 모습도 관찰되었다. 기력이 쇠해지고, 나이가 많아 다시 활력을 찾을는지 걱정이 된다. 2019년 11월 전체 8 주를 관찰한바, 5 주가 깊은 상처를 안고 있었으며 이 중 4 주는 앞으로 기력이 회복되기 힘들 것으로 생각되었다.

회화나무 꽃은 천이나 종이를 노랗게 물들일 때 쓰였다고 한다. 또한 꽃은 고혈압 예방제, 지혈제로 쓰인다고 한다. 어린 잎은 차 대용품으로 쓰거나, 나물로 활용한다고 한다. 열매도 강정재, 수액도 신경계통 마비를 고친다고 하니 회화나무는 버릴 부위가 없는 나무인 것 같다.

돈화문 안쪽 회화나무 8 주는 수령이 3백~4백년생으로 천연기념물로 지정됨(14.09.05)

4월 중순에도 회화나무 잎이 돋아나지 않았다(09.04.16)

중국고사에 궁궐 정문 안쪽에 홰목(槐木;회화나무)를 심고 정승들이 나랏일을 논의했다 한다(19.04.25)

돈화문 서쪽 회화나무의 여름의 푸르른 모습(06.08.20)

9월인데 잎이 연초록. 계절 탓일까, 활력이 떨어진 것일까(14.09.05)

회화나무 단풍이 아직 멀었다(06.11.17)

회화나무 8 주중 서쪽의 3주 모습. 키 15~16m, 흉고 줄기둘레 90~178cm(09.11.05)

서쪽 3 주의 2019년 모습. 건강한 것만으로도 감사할 뿐이다(19.11.16)

단풍이 더디 든다. 11월 중순인데 초록색잎이 약간 색이 빠졌을뿐이다(19.11.16)

돈화문 동쪽 회화나무는 잎이 많이 지고, 가지모습이 두드러져 보인다(14.09.05)

줄기가 곱게 커 왔다. 이곳 터를 오래동안 지켜온 터주대감이다(19.11.16)

개천의 풍광을 더욱 풍요롭게 하는 양쪽 회화나무 (19.11.16)

금호문(金虎門) 안쪽 나무는 일찌기 중병에 시달려 왔다(06.08.20)

회화나무 고목은 상처가 깊지만, 새 세대를 배출하였다(06.11.17)

회화나무는 세월이 흐를 수록 상태가 심각해졌다 (11.04.23)

온갖 풍상을 견딘 금호문 회화나무가 위급한 상황이다 (14.08.06)

회화나무가 이렇듯 속살을 드러냈으니 삶을 지속할 수 있을까(14.08.06)

심한 상처속에서 살아가는 회화나무가 경이롭다 (19.11.16)

죽어가는 줄기에서 자라난 가지가 제법 자라났다. 이 어린 가지의 운명을 예측하기 어렵다(19.11.16)

줄기속이 비워진 나무 껍질에서 어린가지가 자라고 있다. 대경목 회화나무 8주중 4주가 중병중(19.11.16)

줄기 상처가 매우 심해 상부를 절단하고 인공물질로 덮었다. 아직 돋아난 가지가 자라고 있다(19.11.16)

개천 남동쪽에 서 있는 회화나무 두 주가 중병상태이다(19.11.16)

(2) 향나무

천연기념물로 지정된 향나무는 금호문으로 들어와 서쪽 담장을 끼고 있는 탐방로 입구에 위치한다. 현장 안내문 설명에 의하면 수령 750년, 키 12m, 뿌리부분 줄기둘레 5.9m이라고 한다. 북쪽 선원전이 역대 임금들 제례공간이었던 것과 이 곳 향나무와 연관이 있을 것이라고 일러준다. 1820년대에 제작된 동궐도에 등장하는 나무이다.

본 향나무는 고령인지라 1999년 11월 사진에는 북쪽 수관이 가라 앉았고, 줄기 하나로 버티고 있었다. 2009년 4월 사진에는 외양이 정상적인 것처럼 보였으나 멧산(山)자 모양으로 원줄기가 굽은 상태에서 가지들이 자라고 있었다. 2011년 2월 사진에 의하면 원줄기 2개는 주저 앉아 철근 받침대에 의존하기 시작했다.

현재는 철근 받침대가 원목 받침대로 바뀐 상태에서 목숨을 연명하고 있다. 750년동안 갖은 풍상을 겪어온 나무가 앞으로도 잘 살면서 그간 보아온 수많은 이야기 보따리를 풀어주기를 기대해 본다.

천연기념물 향나무가 '99년까지는 제대로 대접을 받지 못했다(99.11.19)

'09년 당시 향나무 외모가 정상에 가까왔다(09.04.16)

노목의 향나무는 이런 모습으로 고착되나 보다(11.12.21)

750년간의 풍상을 견디온 향나무 줄기에서 가지들이 자라났다(14.08.06)

줄기 밑둥을 보면 노목임을 알 수 있다 (14.09.05)

안내판에 의하면 750년생으로 추정되며 키 5.6m, 뿌리목 둘레 5.9m(16.08.20)

향나무 잎에 꽃순이 터질 기세다. 잎이 가시가 없는 비늘잎이다(19.04.25)

깊은 상처를 입었던 향나무가 활력을 되찾은듯 하다(19.04.25)

(3) 뽕나무

천연기념물인 뽕나무는 관람지 입구로서 창경궁 담장쪽에 서 있다. 현장 설명문에 의하면 키 12m, 줄기둘레 228cm, 나이는 약 4백년으로 궁궐에서 자라고 있는 뽕나무중 가장 크다고 한다.

뽕나무를 궁궐에 심었던 것은 조선조에서 명주생산이 중요 산업으로 누에고치가 중요한 농업의 하나이었다. 이에 백성들에게 뽕나무 가꾸기를 장려하기 위하여 궁궐에 뽕나무를 심고 왕비가 직접 누에치기 시범을 보였다고 한다.

창덕궁에는 이곳 천연기념물 뽕나무 이외에도 인정전(仁政殿) 남동쪽 어차고를 둘러싸고 있는 숲에도 대경목 3주의 뽕나무(수고 12~13m, 흉고직경 51~72cm)가 자라고 있다. 궁궐에 뽕나무를 심은 목적은 누에치기를 장려하는 목적도 있지만, 한양의 풍수지리와도 관계가 있다. 조선조가 한양으로 천도를 하면서 내사산의 하나인 남산(南山)을 안산(案山)으로 정하였다. 남산이 누에같이 생겨 서쪽 봉우리를 잠두봉(蠶頭峯)으로 부르고, 누에가 뽕을 많이 먹어야 생기를 높힐수 있다고 하여 남산이 보이는 장소에 뽕나무를 심게 하였다.

현재 잠실 수중보 인근 둔치에 수백 주 뽕나무를 심고 조선초부터 잠실도회(蠶室都會; 국립양잠소)를 설치하였다는 둔치 해설판에 기록되어 있다. 아울러 서초구 잠원동 잠원로에 조선조 초기에 식재된 뽕나무가 서울시 보호수(서울시 지방기념물 제1호)로 지정되어 있다. 이 일대는 조선시대에 뽕나무밭이었다고 현지 표석에 적혀 있다. 이런 연유로 남산이 보이는 서울 여러 곳에서 뽕나무를 볼 수가 있다.

천연기념물인 뽕나무로 수고 12m, 줄기둘레 228cm인 수령 4백년생(13.04.26)

노목 뽕나무의 줄기. 이런 거목을 볼 수 있다니 신기한 일이다(13.04.26)

뽕나무 거목으로 건강하게 생장하고 있었다(06.08.20)

가지가 정연하게 갈라졌고, 높은 품위까지 느껴진다 (13.05.18)

결각이 있는 뽕나무 잎(13.05.18)

뽕나무가 4월말인데도 새잎은 아직 나오지 않았다 (19.04.25)

후원내 자라고 있는 어린 뽕나무(13.05.18)

조선조 초기에 남산 잠두봉 지기(地氣)를 살리기 위해 잠실에 뽕나무를 식재하였다는 해설판(17.10.28)

조선조 초기에 남산 잠두봉 지기를 위해 뽕나무를 심었다는 서초구 잠원동 표석(19.05.01)

잠실 수중보 인근의 둔치에 조성한 뽕나무숲(17.10.28)

후원 천연기념물 뽕나무 못지 않은 거목의 잠원동 뽕나무이지만 줄기가 많이 상했다19.05.01)

서울지방 기념물 제1호인 잠원동의 뽕나무(19.05.01)

(4) 다래나무

취규정에서 신선원전으로 가는 탐방로중 능선을 지나면 왼쪽 느티나무숲 못미쳐 오른쪽에서 다래나무 천연기념물을 만나게 된다. 요사이는 일반 탐방객이 들어 올 수 없는 장소이다.

본 나무는 천연기념물 제251호로 나이가 약 650년 정도이고, 높이 20m, 굵은 줄기 둘레가 72cm이며 6개 정도 줄기가 사방으로 서로 엉겨 뻗어 있다고 현장 해설판에서 읽을 수가 있다. 숫나무로 우리나라에서 가장 크고 오래된 나무라고 한다. 덩굴성 나무가 이렇게 클 수 있는지에 의문을 갖게 하는 기적의 나무이다.

1993년 사진으로는 보호등책 없이 자라다가 2006년 8월 사진에 계단상의 보호등책이 설치되었지만 잘 자라고 있었다. 2019년 4월 25일에 찾았을때는 아직 잎이 피지 않았다.

1989년에 이곳을 찾았을때는 청와대 경비대가 평지에 벙커를 설치하고 경비를 하고 있었다. 수송용 트럭이 이 지역을 드나 들었는데, 이 지역에서 서쪽으로 향하는 탐방로가 폐쇄되어 있었고, 트럭이 다니는 도로가 있었다.

'93년의 다래나무는 아직 받침대가 없었다 (93.07.17)

받침대가 없는지라 줄기가 서로 엉겨 있다 (01.02.27)

천연기념물인 650년생의 다래나무. 덩굴식물로 높이 20m, 굵은 줄기둘레 72cm. 숫나무(06.08.20)

8월인데 본 잎이 지고, 새잎이 돋아나고 있다. 무슨 일이 있었던 모양(06.08.20)

다래나무의 뿌리목 둘레가 72cm로서, 이 같이 크는데 650년이 걸렸다. 기적같은 일이다(08.11.20)

다래나무의 겨울 모습. 굵은 줄기가 돋보인다(11.12.21)

천연기념물 다래나무 잎이 돋아난 초여름의 모습 (13.05.20)

650년 나이가 믿기지 않을 정도로 잎이 싱싱하다 (13.06.09)

다래나무 잎 (13.06.09)

다래나무가 늦잠 중이다. 굵은 줄기가 인상적이다 (19.04.25)

3. 창덕궁후원 대경목

후원 대경목을 2009년 6월에 조사한 결과 31 수종 275 주가 대경목 이었다. 대경목 구분 규격은 갈참나무, 졸참나무, 상수리나무 등 참나무류는 흉고직경 80cm이상, 소나무와 측백나무의 침엽수와 회화나무, 산벚나무, 음나무는 흉고직경 50cm이상, 서어나무, 단풍나무, 주목은 25cm이상으로 하였다.

대경목이 가장 많은 수종은 느티나무로 전체 275 주중 94 주이었다. 전체 주수의 34.2%를 차지하고 있었다. 다음으로 음나무가 46 주로 16.7%이어서 후원에 이렇게 많은 음나무 대경목이 자라고 있는점이 놀랍다.

연이어 회화나무 17 주(6.2%), 졸참나무 15 주(5.5%), 갈참나무 14 주(5.1%), 서어나무 11 주(4.0%), 주목 8 주(2.9%), 단풍나무와 소나무가 각각 7 주(2.5%)이었다. 지금까지 실행하여 온 수목 및 숲의 보호가 이런 대경목이 사는 후원을 만든 것이다.

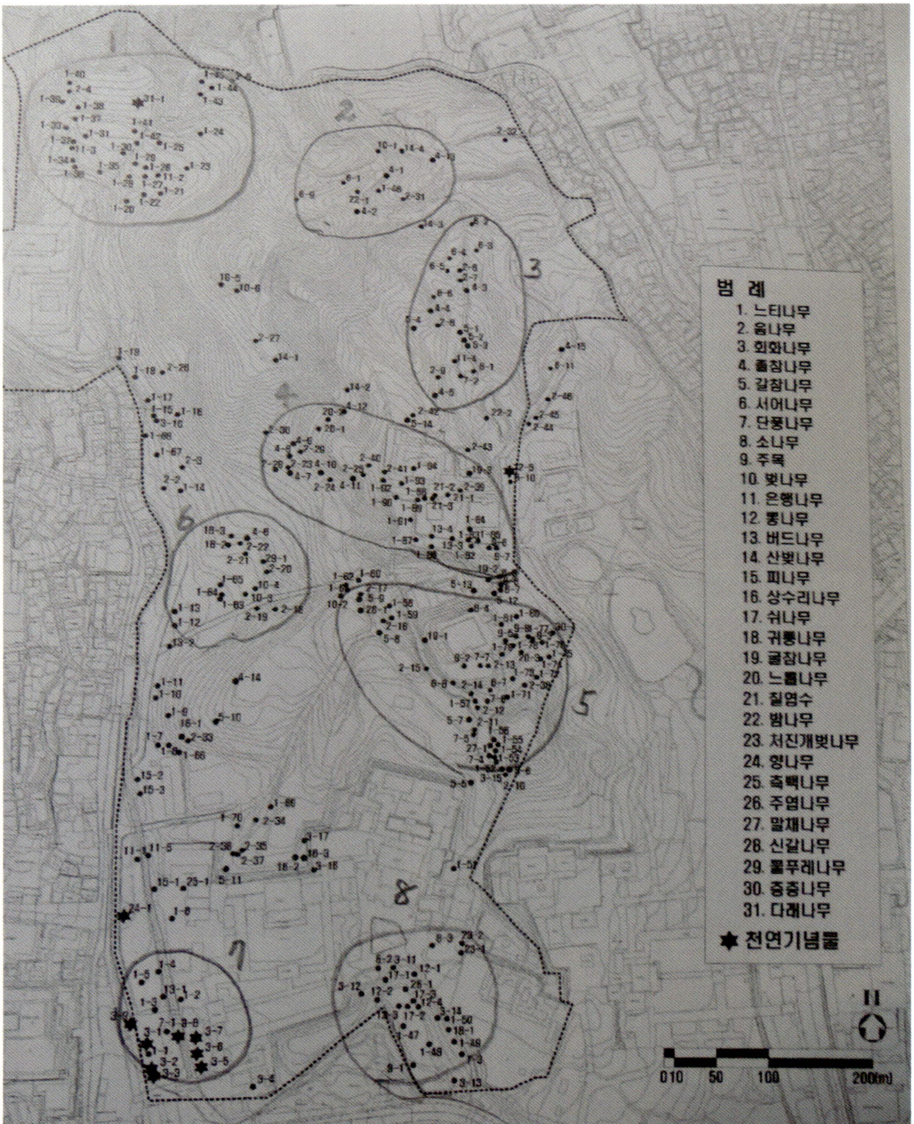

대경목 분포도를 북쪽부터 8개 지역으로 나누어 그렸다(90.06, 19.06)

(1) 지역 1

지역 1은 대경목 느티나무가 주를 이루고 있다. 본 지역은 공개하지 않는 장소로 대경목 느티나무가 27 주이며 가장 큰 나무는 흉고직경 168cm(2009.6)에 이른다. 이 숲에 음나무(줄기가 두갈래로 갈라졌고 가슴높이에서의 직경은 각각 34, 33cm), 은행나무 (흉고직경 54cm)가 함께 자라고 있었다.

느티나무숲은 최소한 150~200년전에 식재된 숲이다. 우리나라에서 느티나무는 마을마다 정자나무로 식재되어 아주 친숙한 나무이다. 느티나무는 목재가 최상급으로 고려시대에는 궁궐, 절집 건축재로 널리 사용되었다고 한다. 인천광역시 강화군 전등사 대웅전 네 기둥은 싸리나무라고 한다. 사실은 사리함을 느티나무로 만들기에 느티나무를 사리나무, 경음화되어 싸리나무가 된 것이다.

느티나무 쓰임새가 많아져 비상용으로 절집 내외에 느티나무 식재를 많이 하였다. 대표적인 예로 합천 해인사, 강화 정수사, 남양주시 수종사 등을 들 수 있다. 조선조에 들어와 느티나무 목재가 귀해지자 소나무 목재로 궁궐과 사찰을 건축하면서 소나무를 보호하는 금송(禁松) 정책을 펴기 시작한 것이다. 창덕궁 후원도 이런 연유로 느티나무를 많이 식재한 것이 아닐까?

(2) 지역 2

본 지역은 은행나무, 느티나무, 졸참나무가 각각 3 주, 서어나무 2 주(흉고직경 48, 52cm), 벚나무와 산벚나무, 밤나무(흉고직경 64cm)가 각각 1 주씩 자라고 있는 숲지역이다. 후원에는 서어나무 11 주가 자라고 있어 온대중부림 발달에서 미지막 단계에서 나타나는 안정 단계인 극상림(極相林)에서 나타나는 수종이지만 후대를 이을 어린 나무들이 거의 없어 서어나무숲의 발달 기대는 접었다.

(3) 지역 3

지역 3은 취규정에서 관람지에 이르는 탐방로 좌우 숲이다. 음나무 대경목 4 주(흉고직경 55~74cm), 졸참나무 2 주(흉고직경 모두 86cm), 갈참나무 4 주(흉고직경 65~111cm), 서어나무 2 주(흉고직경 28, 42cm), 단풍나무 1 주(줄기가 두 갈래, 각각 31, 28cm), 존덕정 뒤의 은행나무(흉고직경 154cm), 소나무 3 주는 관람지 동쪽에 서 있으며 흉고직경이 각각 51, 52, 38cm이었다.

(4) 지역 4

본 지역은 애련지와 연경당 그리고 주위 숲을 포함하는 지역이다. 이 지역 대경목은 느티나무 13주(흉고직경 70~150cm), 음나무 8주(51~70cm), 졸참나무 3주(60~71cm), 소나무 3 주(38~52cm), 주목 2 주(32, 39cm), 버드나무 2 주(두 줄기 나무 48+51, 57cm), 굴참나무 2 주(86, 108cm), 칠엽수 3 주(67~108cm)로 구성되어 있다. 소나무 3 주는 애련지 동쪽에 서 있다.

칠엽수 3 주는 연경당 담장밖 남쪽에 서 있다. 일본이 원산으로 꽃과 잎이 아름다워 식재하는 조경수이다. 열매는 말밤(horse chestnut)이라고 하며 땅에 떨어져 어린 나무가 자라는데 현장에서도 볼 수가 있다.

(5) 지역 5

지역 5는 후원에서 대경목이 가장 많이 몰려 있으며, 주합루와 부용지 주변 숲이다. 느티나무가 30 주(흉고직경 50~134cm), 음나무 8 주(52~76cm), 갈참나무 7 주(61~116cm), 서어나무 2 주 (40cm)와 줄기가 3주인 나무는 각각 26, 31, 33cm), 단풍나무 2 주(38, 45cm), 소나무 2 주(51cm와 줄기가 둘인 나무 54+64cm), 주목 2 주(29, 89cm), 벚나무 1 주(53cm), 굴참나무 1 주(70cm), 느릅나무 1 주(70cm), 신갈나무 1 주(65cm), 층층나무 1 주(두줄기로 25+48cm)이다.

대단한 숲이다. 느티나무와 음나무 대경목이 많은 것에 경이롭다. 이외에 서어나무, 단풍나무, 주목, 느릅나무, 굴참나무, 층층나무 등 여러 나무가 함께 자라는 귀중한 지역이다.

(6) 지역 6

본 지역은 연경당에서 후원 출구로 향하는 탐방로 서쪽인 신선원전에서 내려오는 탐방로가 만나는 지역이다.

삼거리에 서 있는 버드나무 대경목(흉고직경 97cm)이 랜드마크이다. 이

금호문에서 연경당 가는 길가에 서 있는 대경목의 버드나무(06.08.20)

봄에 새로운 옷으로 갈아 입었다(13.04.24)

아직 버드나무가 건강하다. 버드나무 수명은 길지 않은 편이다(19.04.25)

뒷편에서 바라본 버드나무 (19.04.25)

지역에는 느티나무 6주(55~80cm), 졸참나무 1 주(67cm), 벚나무 2 주(46, 56cm), 귀룽나무 2 주(48, 59cm), 물푸레나무 1 주(두줄기 나무, 31+34cm)가 자라고 있다.

귀룽나무는 벚나무 집안 종으로 우리나라에서는 중부지방 낙엽활엽수중 봄에 잎이 제일 먼저 핀다. 꽃이 수수이삭과 같이 생긴 송이이삭으로 된 흰꽃이다. 근래 후원에서 대경목 귀룽나무 뿌리에서 돋아난 어린 나무가 집단을 이루고 있어 후원숲에 어떤 영향을 미칠지 걱정스럽다.

(7) 지역 7

지역 7은 돈화문 안쪽 지역을 포함한다. 천연기념물로 지정된 회화나무 8 주가 대표적인 대경목이다. 크기가 흉고직경 84~107cm에 달하는 거목이다. 다만 앞서 말한 것처럼 금호문 안쪽 나무등 전체 회화나무중 4 주가 쇠퇴중인 것이 문제이다. 본 지역에는 느티나무가 5주(흉고직경 56~160cm)인데, 이중 동궐도에 나오는 금천교 느티나무가 흉고직경 160cm이나 지금 상태로 보아 이 나무가 오래 살 수 있을는지 모르겠다. 버드나무 대경목(101cm) 한 주도 이 지역에서 자라고 있다.

(8) 지역 8

본 지역은 인정전 남쪽 어차고를 끼고 있는 숲이다. 숲의 면적이 넓지 않지만 여러 종류의 대경목이 자라고 있다. 느티나무 4 주(흉고직경 50~90cm), 회화나무 3 주(52~102cm), 소나무 2 주(51, 53cm), 주목 1 주(38cm), 뽕나무 3 주(51~92cm), 쉬나무 3 주(48~60cm), 처진개벚나무 2 주(60, 62cm)이다. 쉬나무 3주가 자라고 있는 것이 이채로운데 이 지역 자생수목인 것 같다.

쉬나무는 암나무와 숫나무가 나뉘어 있으며, 꽃에 꿀이 많아 밀원식물(bee-bee tree)이다. 열매는 검고 작아 파종자처럼 생겼다. 열매에 기름이 많아 옛날에는 기름을 짜서 초롱불 기름으로 사용하였다고 한다. 옛적에는 공부하는 선비들이 많은 마을에 심었다고 한다. 열매는 새들이 좋아하는 먹이감이고, 사람에게는 건위제, 진통제, 이뇨제로 쓰인다고 한다.

회화나무 전정이 심해 수형이 외소에 졌다(13.05.07)

누렇게 단풍 든 대경목의 느티나무(19.11.16)

대경목 회화나무 몸체가 크다(19.11.16)

어차고 지붕위로 보이는 오른쪽 대경목 쉬나무(19.11.16)

키 자랑을 하고 있는 느티나무(왼쪽)와 회화나무(오른쪽)(19.11.16)

어차고 대경목 숲에 단풍나무가 가을 옷자랑을 하고 있다(19.11.16)

다른 나무들 보다 우뚝 자란 회화나무 세 주(19.11.16)

회화나무 대경목 줄기(19.11.16)

힘들게 살아온 회화나무 대경목이 대궐안을 내려다 보고 있다(19.11.16)

대궐 뒷동산에 느티나무들 속에서 우뚝 자란 회화나무(19.11.16)

4. 거목의 느티나무

(1) 동궐도에서 볼 수 있는 느티나무

동궐도에 금호문에서 이르는 금천교와 상장각 뒤의 느티나무가 그려져 있다. 금천교 느티나무는 2006년 11월 사진에 의하면 수관 꼭대기에서 죽은 가지가 있었다. 그리고 2009년 11월 사진에는 여러 개로 갈라진 가지중 제일 굵은 가지가 고사되었고, 다른 가는 가지도 고사되었다. 2014년 11월에는 뿌리목 인근에 커다란 버섯들이 자라고 있어 이 느티나무가 쇠퇴하고 있음을 알 수 있었다. 2019년 11월에는 짤려진 줄기 전체가 인공물질의 보호대가 줄기를 감싸고 있었으며 가지 하나가 간신히 잎을 달고 있었다. 다른 세상으로 갈 날이 머지 않은 것 같다.

상장각 느티나무는 지금도 잘 자라고 있다. 수형이 타원형으로 아름다운 몸매를 과시하고 있다. 여름, 가을 수관 모습도 아름답지만 봄, 겨울의 수관 모습도 아름답다. 2019년 가을에도 찾았으나 입장이 통제되어 이 나무의 진면목을 확인하기가 곤란하였다.

금천교 느티나무는 동궐도에 출현하는 나무로 거목임 (09.11.05)

금천교 느티나무의 단풍든 모습 (06.11.17)

금천교 거목 느티나무가 건강에 이상이 있는듯하다 (09.11.05)

느티나무 굵은 가지가 짤리는 등의 시련을 겪었다 (13.04.26)

느티나무 줄기에 커다란 버섯이 자라고 있어 건강에 이상이 있음을 알려 주고 있다(14.11.13)

어미몸은 대수술을 받았지만 가지들이 붙어 있어 살아 있다는 판정이 내려진 모양(19.11.16)

5년만에 다시 찾아가니 느티나무는 대수술을 받아 몸을 완전하게 보호막으로 덮혔다. 살아 있다고 할 수 있을까(19.11.16)

살아있는 생명체는 왔으면 가야하는 법. 차라리 줄기가 썩기전에 살아온 연륜이라도 보관하는 것이 어떨지(19.11.16)

동궐도(1826~1830년 제작)에 상정각 뒤에 느티나무가 그려져 있음을 알려주는 해설판(08.11.20)

'01년 상장각 뒤 느티나무의 겨울 모습 (01.02.27)

상장각 뒤 느티나무 여름 모습(06.08.20)

상정각 뒤 느티나무의 가을 단풍 모습(06.11.17)

느티나무 낙엽 진후 모습. 2년전과 시기가 비슷하다 (08.11.20)

느티나무의 봄 모습(09.04.16)

상정각뒤 느티나무(오른쪽) 가을 단풍(12.11.16)

필자가 관찰해온 비원 역사도 이제는 끝인 것 같다. 이 사진도 현장 근무자에게 졸라서 간신히 촬영하였다 (19.11.16)

(2) 느티나무숲

느티나무는 한자로 槐木(괴목)이라고 쓴다. 목재는 황갈색으로 무늬가 아름답다. 아울러 목재결이 곱고, 단단하여 국내 최상급 목재라고 한다. 느티나무 목재로 만든 밥상을 괴목상(槐木床)이라고 한다. 태종실록에 의하면 임금을 알현할 때 손에 드는 홀(笏)을 괴목으로 만들었다고 한다.

앞서의 느티나무 대경목 지역 1에서 20x20m 조사구 2 개소를 2009년 6월에 설정, 조사분석하였다. 군집조사 분석에서는 교목층, 아교목층, 관목층으로 나누어, 층위별로 수종간 세력을 상대적으로 계산한 상대우점치(%)로 표현한다.

첫째 조사구는 느티나무군집이었다. 교목층에 느티나무 대경목 3 주만 자리하여 느티나무 상대우점치가 100%, 아교목층은 느티나무 18.8%, 밤나무 24.1%, 단풍나무 13.2%, 물푸레나무 11.4%, 산뽕나무 10.4%, 산벚나무 5.4%이었다. 관목층에서는 느티나무 17.3%, 단풍나무 11.0%이었다. 이 지역은 교목층, 아교목층, 관목층에서 느티나무 세력이 우세하여 느티나무숲으로 계속 유지될 것이다.

다른 조사구는 느티나무–가래나무군집으로 명명할 수 있었다. 교목층에서 느티나무 상대우점치가 46.6%, 가래나무 38.1%, 산뽕나무 15.4%로서 세 수종이 세력을 형성하고 있었다. 아교목층에서 느티나무 29.0%, 밤나무 36.2%, 은행나무 9.8%, 산뽕나무 5.0%, 가래나무 2.7%이었다. 관목층은 느티나무 10.0%, 밤나무 0.5%, 아카시나무 0.9%이었다. 느티나무, 가래나무, 산뽕나무가 교목층에서 어울려 살겠지만, 아교목층의 밤나무와 은행나무가 치고 올라와 교목층의 나무로 세력을 형성할 것이다. 느티나무가 주 세력이지만, 여러 수종들이 자라나 느티나무숲을 함께 유지할 것이다.

은행나무는 중국이 원산지인 화석식물인데 우리나라에 정착한지 1천 5백년이 넘어 우리 자연 환경에 적응된 나무이다. 최근 후원숲에서 은행나무 어린나무를 종종 볼 수 있기에 몇 십년후에는 느티나무숲에서 우뚝 자란 은행나무를 볼 수 있을 것이다.

느티나무 거목. 잎이 많이 달리지 않아 수관 내부가 보인다(06.08.20)

줄기 뿌리목 부근이 상당히 굵어 인근 나무에 비해 월등히 큰 느티나무 노거수(06.10.15)

줄기가 약간 붉으며 수피는 거칠은 느티나무 거목(06.10.15)

느티나무가 노랗게 단풍들었다. 예쁜 모습이다(06.11.17)

깊은 가을로 접어든 느티나무숲 (06.11.17)

지상부로 드러난 이중 뿌리의 느티나무. 흔히 볼 수 없는 별스런 모습이다(06.11.17)

돌에 홈을 파서 물길을 만들어 아름답게 조성하였다. 현재는 통제구역인 신신성전내 일것 임(08.05.26)

배수로에 조성된 용두머리. 느티나무숲 것과 모양이 달라 신선원전에 조성되어 있을 것 같다 (08.05.26)

느티나무가 봄에 연두색 만토를 걸쳤다(09.04.16)

주합루로 가는 언덕에 서있는 느티나무로 날자에 비해 잎이 늦게 돋았다. 옆은 산벚나무(10.04.23)

느티나무숲에 봄기운이 들어 귀룽나무 잎이 초록색, 개나리가 꽃 피었다(11.04.23)

겨울이지만 느티나무 동네에 많은 관목들이 함께하고 있어 황량한 분위기는 아니다 (11.12.21)

단풍든 느티나무 잎. 잎끝에 먼지가 조금씩 보인다 (12.11.16)

보기 좋게 조성된 개천 한가운데 자라고 있는 느티나무는 지금까지 잘 자라고 있다(12.11.21)

석축을 덮고 있는 느티나무 뿌리목. 아무리 단단해도 살아있는 생명체를 막지 못한다 (14.09.05)

느티나무 숲속 단풍나무들이 봄옷이 화려하다. 2010년에 비해 봄이 깊다 (13.04.26)

느티나무들이 봄 훼션을 자랑하고 있다(13.04.26)

늦은 봄은 느티나무 개엽 초 시기로 각자의 영역을 알아 볼 수 있다(13.04.26)

느티나무의 엷은 초봄 옷으로 거치른 줄기의 몸매가 숨겨지지 못 한다(13.04.26)

느티나무들은 많은 여러 종류의 관목과 어울려 살고 있다(13.04.26)

느티나무 동네길에 청사초롱이 설치되었다(13.04.26)

거친 비늘 조각으로 감싼 느티나무 세 줄기가 포즈를 취하고 있다(13.06.07)

산속 거목 느티나무는 이웃 나무와 서로 불편하지 않을 정도의 거리를 두고 살아간다(13.06.07)

참나무 숲속에서도 느티나무는 고고함을 유지하고 있다(13.06.08)

느티나무 여름 잎. 잎맥이 질서 정연하고, 거치가 얕으며 일정하다(13.06.09)

종이장처럼 벗겨질 것 같은 느티나무 줄기 껍질(13.06.09)

느티나무 줄기를 측정하고 있는 사람과 비교하면 나무가 얼마나 큰가를 가늠할 수 있다(13.06.09)

거친 철갑을 입은 두 장수가 어깨를 마주하고 있다(13.06.09)

줄기가 네갈래로 갈라진 느티나무가 엉거주춤 서 있다(19.04.25)

느티나무가 서 있을 공간이 비좁아 뿌리가 엉겨 있다 (14.09.05)

느티나무 마을에 어린 느티나무가 잘 자라고 있다 (19.04.25)

임금이 되고 싶어 곤룡포 옷을 느티나무가 입었다 (19.04.25)

느티나무숲 길가에 심어 놓은 회양목 (19.04.25)

용입에서 아직은 물이 흘러 나오고 있다(19.04.25)

느티나무는 자기 수를 다하고 세상을 떠나도 그루터기는 자기 흔적을 오래 지킨다(08.11.20)

느티나무 그루터기가 11년을 지나는 사이에 많은 생물들에게 보시를 행하였다(19.04.25)

5. 4개소 정원

후원에는 동쪽과 북쪽 저지대에 4개의 정원이 조성되어 있다. 계곡 규모에 맞는 연못이 조성되었으며, 연못가에 조성된 건축물도 규모를 연못과 균형을 이루게 조영하였다. 자연과 인공적인 조형물이 조화를 이룬 정원이다. 자연 속에 파묻혀 있어 비원(祕苑)이라는 이름이 붙은 것이다. 필자는 건축물은 이름 정도만 언급하고, 주변 숲을 위주로 이야기하도록 한다.

(1) 주합루(宙合樓)와 부용지(芙蓉池)

부용지는 방지(方池)로 중앙에 섬이 조영되어 있다. 섬에는 줄기가 굽은 작은 소나무, 단풍나무, 눈주목이 자라고 있다. 부용은 연꽃의 다른 말로 부용지 연꽃은 유명하였던 모양이다. 법정 스님이 집필한「산에는 꽃이 피네(1998)」내용중 부용지 사연을 볼 수 있다. 부용지 연꽃을 보려고 법정 스님이 어렵게 찾았더니 연꽃이 한 포기도 없었다고 한다. 그 이유는 기독교 장로인 대통령 측근이 연꽃은 불교를 상징한다고 제거를 지시하였다고 한다. 어이가 없는 스님은 잡지에 부당성을 알리는 글을 게재하였다고 한다. 대통령이 그 글을 읽고 잘못을 알려 왔다고 한다.

부용지 북쪽으로 계단위에 주합루가 위치하고, 주합루를 오르기 위해서는 어수문(魚水門)을 통과해야 한다. 어수문 좌우에 신이대를 심어 생울타리를 조성한 것을 볼 수 있다. 동궐도 속의 취병(翠屛; 생울타리)을 현대에 들어와 재현하였다고 현장 해설판에 적혀 있다. 여러 번 신이대는 월동을 하지 못해 봄에 말라 죽은 것을 새로운 신이대로 교체 식재하였다. 대나무는 산에 사는 조릿대를 제외하고는 중부지방에서 과거에는 월동이 불가능하였다. 오래전까지 안성시 일,이,삼죽면까지 대나무가 자랐다고 한다.

최근 지구온난화로 신이대 등 대나무 종류가 서울지역에서 월동이 가능한 곳이 많아졌다. 그러나 북서풍의 계절풍을 직접 접하는 대나무는 치명적이다. 취병 조성위치가 바람을 막아줄 건축물이 없고, 부용지가 꽁꽁 얼어 붙는 혹한에서는 신이대가 겨울을 무사히 지낼 수가 없다.

부용지 서쪽에 느티나무, 졸참나무, 갈참나무, 신갈나무 대경목과 회화나무, 귀룽나무, 단풍나무, 향나무 등이 숲을 이루고 계절마다 옷을 바꿔 입어 황홀한 경치를 연출한다. 특히 4월에 귀룽나무가 꽃의 존재감을 드러내는데 세월이 지날수록 존재가 뚜렷해져 앞으로 어떻게 될지 염려가 된다.

주합루 동쪽 소나무 3 주는 대경목으로 겨울에 갈참나무, 굴참나무, 귀룽나무 틈속에서 붉은 줄기 자태를 뽐낸다. 부용지 동쪽, 남쪽은 여러 주의 느티나무, 음나무, 참나무류, 단풍나무 등이 어울린 아름다운 숲이다. 지난 50년간 잘 보호하였기에 이 정도의 아름다운 숲이 형성된 것이다. 문화재청 임업직 공무원들을 비롯하여 많은 분들의 노고가 있었기에 이런 숲을 서울 도심에서 만날 수가 있는 것이다. 바라만 보아도 행복해지는 숲이다.

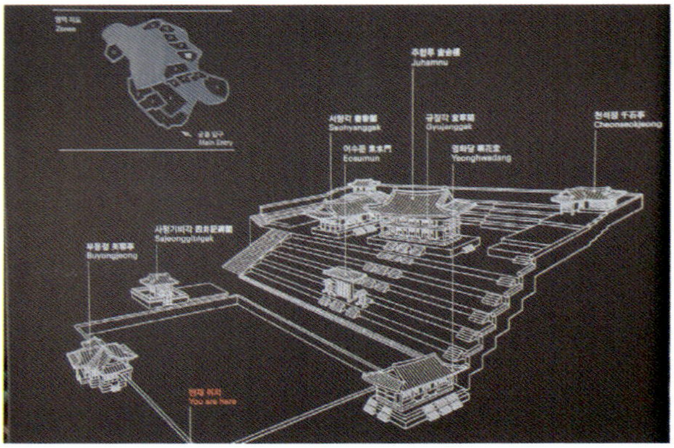

부용지(芙蓉池)를 주합루, 영화당이 바라보고 있다. 예쁜 부용지 섬이 표현 안 됨(06.08.20)

부용정 배경으로 잎이 희게 보이는 굴참나무가 등장하였다(01.05.24)

주합루의 2001년 초여름의 자연배경(01.05.14)

주합루 붉은 단풍이 포인트이다 (06.11.17)

주합루의 초여름 신록이 푸르러지고 있다(08.05.26)

부용지 봄의 신록이 싱그럽다. 숲에 굴참나무잎이 희고, 흰꽃은 귀룽나무이다(11.04.23)

2011년에 비해 절기가 빨라졌다. 굴참나무 잎이 누래졌고, 향나무도 돋보인다(13.04.26)

주합루가 이웃 나무들의 고운 가을 단장으로 취해 있다(12.11.16)

영화당뒤로 굴참나무가 위용을 자랑한다(12.11.16)

겨울의 주합루와 부용지. 부용지가 얼었다(13.02.27)

부용지 서쪽의 사정기비각(四井記碑閣) 뒤에 거목의 굴참나무가 서 있다 (13.04.24)

부용지 주변숲으로 회화나무가 아직 잠자고 있다(13.04.24)

부용지에 비친 자기 얼굴을 쳐다 보고 있는 주합루(13.05.17)

부용지 섬의 소나무가 돛대인데 바람에 기우러져 있다(19.04.25)

어수문 취병 신이대가 잘 자라고 있고, 철쭉꽃이 한창이다(19.04.25)

취병 설명문. 취병(翠屛)은 조선시대 조경수법의 하나. 신이대로 만든 생울타리(08.11.20)

취병의 신이대가 잘 자라고 있다. 돌아올 겨울 추위를 잘 이겨내기를 기도한다(09.11.05)

신이대가 지난 겨울 추위 피해를 입었다. 대나무는 남부 식재 수종으로 피해를 입을 수 있음(11.04.23)

취병 신이대가 월동을 잘 해야되는데(12.11.18)

지난해 겨울 추위가 심했던지 신이대가 고사되었다(13.05.17)

피해입은 신이대를 새로 식재하여 본래의 취병 모습으로 돌아왔다(14.04.03)

주합루 동쪽 광장 느티나무의 초여름 신록(08.05.26)

광장의 느티나무가 4월 하순에도 잎이 돋아나지 않았다(10.04.23)

광장 느티나무가 4월 하순임에도 잎이 푸르게 달렸다(19.04.25)

부용정 남동편 숲에는 거목의 주목이 살고 있다 (08.05.26)

숲속의 주목이 잘 자라고 있다 (19.04.25)

숲속의 느티나무가 줄기에 커다란 수술자국을 갖고 있다(09.04.16)

숲속 졸참나무의 단풍든 모습(06.11.17)

(2) 애련지(愛蓮池)와 연경당(延慶堂)

주합루의 영화당(暎花堂) 숲을 끼고 돌면 애련지의 불노문(不老門) 못 미쳐 금마문(金馬門)을 들어서게 된다. 뒷 사면을 축대로 쌓은 곳에 아담한 두채의 건축물이 눈에 들어온다. 가오헌으로 세자가 독서하던 집이라고 한다. 주합루 언덕 북쪽 담장밖 경사지에 건축을 하였는데, 축대가 6단으로 되어 있고 경사가 급하다.

축대에 거목의 참나무가 서 있어 건축물로 쓰러지면 커다란 낭패를 겪게

될 것이다. 2013년 나무 크기를 측정하여 베어낼 것을 권고한 적이 있었다. 당시 희정당 담장에 붙어 사는 갈참나무 등이 건축물에 문제가 될 수 있어 참나무 거목들을 함께 벌채를 권하였다. 2019년 4월 후원을 찾았을 때 가오헌 축대 참나무들이 정리된 것을 볼 수 있었다.

애련지도 방지이며 북쪽에서 애련정이 연못을 들여다 보고 있다. 애련지와 연경당 사이 넓은 공간에 대경목 느티나무 여러 주가 서 있다. 연경당 담장밖 북쪽으로 칠엽수 4 주가 자라고 있다. 3 주는 대경목이고, 1 주는 젊은 나무이다.

칠엽수는 잎이 7 장으로 갈라지는 큰 잎이 매력적이다. 아울러 늦봄의 흰 꽃, 가을에 열리는 말밤, 가을의 노란 단풍, 겨울의 거친 수피. 이 모두가 칠엽수의 매력적인 요소이다. 또한 초봄에 끈끈한 액체을 둘러쓰고 돋아나는 커다란 어린 잎도 대단하다. 그렇지만 일본 원산으로 조경수목으로 식재한 것이다. 일반 정원은 괜찮겠지만, 후원은 전통정원이다. 베기에는 너무 아깝게 커버린 대경목의 생명을 함부로 건드릴 수가 없다.

칠엽수보다 정도는 덜하지만 세월이 흐를수록 세력이 켜져 가고 있는, 봄부터 잎이 붉은 노무라(野村)단풍나무는 어찌해야 할는지... 필자도 처음에는 거부했는데, 후원의 이 나무들은 식재한지 오래되어 이제 종자로 자란 차세대 나무들도 커졌다. 일부는 우리 단풍나무와 혼인하여 잎이 덜 붉은 자식들까지 자라고 있다. 그냥 시중에서 부르는 홍(紅)단풍나무라고 하여 이민 2세대들을 인정할 것인지, 일본종으로 취급할 것인지. 두 방식에 따라 관리 방법이 매우 달라지게 된다.

애련지 동쪽으로 소나무 7 주가 서 있다. 대경목은 아니지만 줄기가 붉어 돋보인다. 그렇지만 줄기가 굽어 모습이 애처롭다.

애련지에 들기 위한 석축문. 불노문(不老門)을 지나면 늙지 않는다는 이야기가 전해져 온다 (19.04.25)

금마문(金馬門)은 불노문 남쪽 문으로 한옥에 드는 문 (10.04.23)

금마문을 들어서면 왼쪽으로 아담한 한옥 3채가 보인다(13.05.18))

담장안 건축물이 뒤의 느티나무 신록과 앙상블을 이루고 있다(11.04.23))

본 건물은 세자가 공부하던 장소로 검소함이 묻어난다 (13.04.26)

두 채 건물은 뒤편 석축에 큰 나무가 서 있어 안전 문제가 제기되었다(13.04.26)

북사면 건축물을 둘러싼 주목들이 너무 밀어 붙이는 것은 아닌지(13.05.18)

건물사이의 돌계단에 서 있는 갈참나무가 넘어지면 건축물 피해는 클 것이다(13.05.18)

두 건물 뒤편과 사이에 자라던 거목들을 베어, 위험요소를 제거했다(19.04.25)

애련지가 겨울에 얼었고, 뒤편에 연경당이 자리하고 있다(01.02.27)

애련지의 초여름 풍광. 다만 물이 깨끗하지 못하다(08.05.26)

방지(方池)인 애련지(愛蓮池)와 애련정(愛蓮亭)의 아름다운 봄풍광(09.04.16)

봄인데도 회화나무, 느티나무 등의 거목들이 싹이 나지 않았다(10.04.23)

애련지 글자대로 연이 못에 가득차 있다(13.05.10)

이름에 걸맞게 연잎이 탐스럽게 자라난 애련지(愛蓮池)(14.09.05)

애련정의 배경 가을 단풍이 그다지 곱지 못하다(14.11.13)

애련정이 물속에 또다른 정자를 지었으나 흔적이 남지 않는다(19.04.25)

애련지 동편에 가을 단풍나무가 아름답다(06.11.17)

연경당내의 홍단풍. 일본이 원산이지만, 봄 자연경관 구성에 중요하다(19.04.25)

연경당 내부 임시 무대에서 봄이면 소리공연이 열린다 (09.04.16)

연경당 서쪽의 홍단풍이 초여름에 홀로 붉은 옷을 자랑한다(13.05.18)

연경당 밖의 칠엽수 군락 (10.04.23)

칠엽수 새싹이 돋아나고 있다. 새싹도 몸집이 크다 (13.04.26)

칠엽수도 일본 원산. 차세대가 스스로 자라나고 있다. 어릴때는 하나의 잎을 작은 잎 5장으로 구성 (13.05.18)

5월 중순에 흰꽃이 핀 연경당 칠엽수(13.05.18)

연경당 칠엽수가 거목으로 자라났다(13.05.18)

칠엽수 뿌리목 줄기의 모습(13.05.18)

칠엽수 키가 크게 자라 앞의 홍단풍을 훌적 넘어 버렸다(19.04.25)

애련지 남쪽 숲에 자라는 함박꽃나무 꽃봉오리가 붓 모양. 북한 국화로 그들은 목란이라 부름(13.05.20)

버드나무 수명이 짧은데 이런 건조한 땅에서 얼마나 견딜런지(10.04.23)

(3) 존덕정(尊德亭)과 관람지(觀覽池)

애련지에서 나와 관람지로 향하는 탐방로 동쪽에 서 있는 천연기념물로 지정된 거목의 뽕나무 위용을 볼 수 있다. 뽕나무도 줄기가 하나이면서 고목으로 성장할 수 있다는 점을 배울 수가 있다. 아울러 노목 뽕나무 줄기 모습을 볼 수 있어 학습장소로 훌륭한 곳이다.

관람지의 현재 모습은 기다란 하나의 못이다. 연지는 본래 두 네모꼴과 하나의 둥근 연못을 일제 강점기에 하나의 곡선형 연지로 바꾸었다고 해설판이 설명해 준다. 정자는 1644년 관람정이 제일 먼저 건립되었고, 승재정 등은 1830년 이후에 조성되었다 한다.

관람지 남쪽 수변에 노거수의 밤나무가 양팔을 벌리고 서 있다. 흉고직경 124cm(2009.6), 키 14m, 수관폭 14x14m로서 거대한 나무이다. 2019년 4월에 이 나무를 보았을 때 수명이 얼마 남지 않은 것 같았다. 오랜 세월을 살아온 밤나무도 자연의 질서를 따를 수 밖에 없다. 모든 생명체는 이 세상에 왔으면 마지막에는 홀로 떠나야 하는 것이다.

존덕정을 지나 취규정으로 가는 탐방로에는 갈참나무 3주가 서 있었다. 남쪽부터 갈참나무 1호, 수고 22m, 흉고직경 111cm, 2호 수고 23m, 흉고직경 96cm, 3호 수고 20m, 흉고직경 104cm(2009.06. 현재) 이었는데, 필자 관찰로는 2010.4월까지는 생장이 정상이었다.

그러나 2011년 12월 2호 갈참나무가 참나무시들음병 방어막을 입었고, 2013년 5월에는 3주 모두가 방어용 비닐막을 둘렀다. 2014년에 결국 3주 모두 세상을 떠났다. 2019년에는 2주는 베어져 나갔고, 가장 큰 나무이었던 1호는 줄기만 남고 모두 짤려져 삼지창 모양을 하고 있었다. 정말 무서운 병이다.

존덕정 뒤쪽 은행나무는 해설판 설명에 의하면, 나이가 250년, 키 22.4m, 줄기둘레가 5m나 되며 동궐도에 그려져 있는 나무라고 한다. 2009년 6월 필자 연구팀 측정치도 큰 차이가 나지 않았다. 당시 키 24m, 흉고직경 154cm(둘레

4.7m)이었는데 장수하기를 빌어 본다.

관람지에서 취규정에 이르는 탐방로 주변에는 대경목 목록에 오른 졸참나무, 갈참나무, 서어나무가 관찰되었다. 서어나무 대경목은 3주로 수고는 모두 14m, 흉고직경은 1 주는 28cm, 나머지 2 주는 42cm이었다. 이 정도이면 50~60년생의 나무들이다. 그러나 후원에서 대경목 서어나무는 2009년 조사에 의하면 11 주에 지나지 않았다. 그것도 흉고직경 25cm이상을 대경목으로 기준한 것이다. 참나무류 기준인 50cm미만인 나무가 7 주이었다. 40~50cm에 7 주가 속해 있었고, 1 주가 104cm, 그리고 나머지 1 주가 52cm이었다. 앞서 언급한대로 우리나라 중부지방에서 참나무숲이 정상적으로 발달하면 서어나무숲으로 변하기에 이 나무에 관심을 쏟는 것이다.

지구에서 북반구 온대지방 숲의 진화는 소나무숲 → 참나무숲 → 너도밤나무(Fagus, Beech, Buche, ブナ)숲으로 향하게 된다. 우리나라에서는 울릉도에만 너도밤나무숲이 있어 육지에서는 서어나무를 기후적 극상수종으로 보고 있는 것이다. 너도밤나무숲은 유럽 동부, 일본 혼슈(本州), 중국 황하와 양지강 사이 내륙지역, 미국 동부 아팔라치아 산맥 동부 지역등에 넓게 퍼져 있다.

우리나라 온대지역에서는 1백년전부터 생태적 천이에서 기후 극상수종으로 서어나무일 것으로 추론하여 온 것이다. 필자가 관찰한 바에 의하면 여러 지역 숲 계곡부에 부분적으로 서어나무숲이 출현하고 있음을 확인하였다. 특별히 제주도 한라산은 숲면적의 60%이상이 서어나무 및 개서어나무숲이었다.

서울에서는 태릉숲 북사면에 작은 면적이 남아 있어 서울시 생태경관보전지역으로 지정되어 있다. 후원중 서어나무 대경목 3 주가 자라고 있는 지역에 군집구조 조사를 실시하였다. 아교목층에 몇 주 안되는 서어나무를 볼 수 있었고, 관목층에서는 거의 찾아 볼 수 없었다. 본 조사구 조사결과 교목층에 단풍나무(상대우점치; I.V, 28.0%), 갈참나무(21.0%), 잣나무(13.9%), 산벚나무(13.2%)이었다. 아교목층은 단풍나무(28.0%), 귀룽나무 (21.5%), 주목과 때죽나무(14.9%), 서어나무(13.4%), 홍단풍(7.4%)이었다. 관목층은 단풍나무

(26.3%), 귀룽나무(12.2%), 누리장나무(16.3%), 딱총나무(15.2%), 홍단풍(3.5%)이었다.

서어나무 대경목이 3 주이지만 아교목층에 위치하는 나무들로 숲의 우점종측에는 낄 수도 없는 수종인 것이다. 본 숲은 단풍나무-귀룽나무군집이라고 할 수 있다. 단풍나무 세력이 모든 층위에서 세력을 잡고 있어 앞으로도 계속 단풍나무 세력이 커지는 숲으로 발달할 것이다. 이지역에서는 귀룽나무와 누리장나무 세력 확장도 눈 여겨 볼 대목이다. 누리장나무는 척박한 토양에서 자라는 수종이다. 후원에서 계속 세력이 확장되는지를 모니터링을 할 필요가 있다.

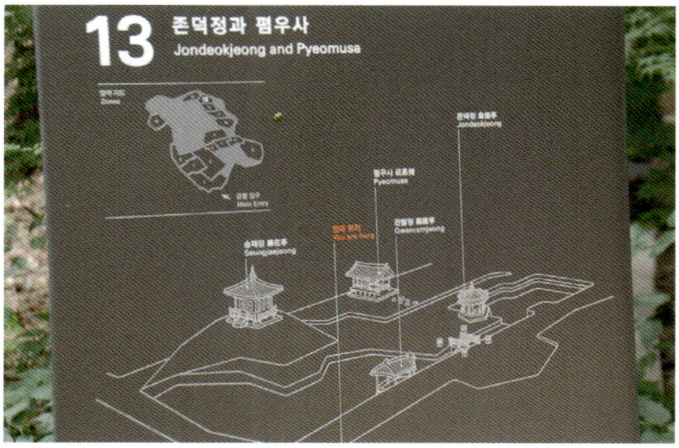

존덕정 등 4채의 정자가 관람지(觀覽池)의 미를 더해 준다. 일제강점기이전에는 3개의 못이었다 함(06.08.20)

1902~03년의 존덕정 모습(까를로 로제티, 1904)

1999년의 존덕정 모습. 붉은 단풍이 강렬하다(99.11.19)

2001년 존덕정 겨울 모습(01.02.27)

2008년 관람지 가을 모습(08.11.20)

관람지와 관람정의 봄풍광. 관람지는 3개의 못이었는데, 일제강점기에 하나로 합치고 반도지라 했다함(09.04.16)

관람지 끝에 존덕정(尊德亭)과 관람정이 보이는 못의 봄경치(13.04.26)

관람지의 최근 봄 풍광(19.04.25)

존덕정 거목 은행나무가 동궐도에 출현한다고 알려주는 해설판(19.04.25)

존덕정과 거목 은행나무 (99.11.19)

키 22.4m, 둘레 5m에 달하는 은행나무는 250년생으로 관람지 존덕정 뒤에 위치, 고운 단풍이다(14.11.13)

존덕정과 뒤편 오른쪽 250년생 은행나무가 조화를 이루고 있다(19.04.25)

존덕정 뒤편 거목 은행나무는 맹아로 자라난 두 자손을 안고 있어 독특하다. 맹아로 자라난 나무들 키가 6~7m에 달한다(19.04.25)

관람지 수변에 자라고 있는 거목 밤나무. 밤은 제사 과일로 필수, 나무는 효심을 상징(10.04.23))

관람지 주변의 대형 밤나무 건강 이상이 나타나고 있다(19.04.25)

귀룽나무 맹아가 대단하다 (19.04.25)

관람지 초여름 풍광은 풍요롭다(13.05.18)

관람지 주변 주목이 제대로 자라지 못 하고 있다 (13.05.18)

관람지 옆 대경목 갈참나무의 겨울 모습(01.02.27)

2010년까지 관람지 옆 갈참나무가 겉으로는 건강해 보였다 (10.04.23)

관람지 옆 대형 갈참나무 생존을 위해 여러 조치를 하고 있었다(11.12.21)

관람지 옆 고목 갈참나무가 시들음병 방지를 위한 보호막이 설치되었다(13.05.20)

관람지 옆 갈참나무 기력은 거의 바닥 수준. 반면에 단풍나무는 호시절(14.11.14)

관람지 옆 대형 갈참나무는 결국 이 세상을 하직하였다(19.04.25)

존덕지에서 취규정으로 가는 숲길 겨울모습. 아름다운 길이다 (01.02.27)

존덕지~취규정 숲길. 10년이 지나니 참나무들이 시들음병 예방 보호막을 입고 있었다(11.12.21)

봄 숲길로 아교목층 단풍나무 등이 새옷으로 갈아 입었다 (13.04.26)

서어나무가 보인다 (06.08.20)

두주의 서어나무가 잘 자라고 있다 (08.05.26)

숲속에 자라고 있는 서어나무 (13.09.01)

서어나무 새 잎 (19.04.25)

대경목의 서어나무 (14.11.13)

층층나무 꽃과 잎 (01.05.24)

층층나무 꽃이 여러 송이가 피었다(13.05.17)

후원에도 끼치박달나무가 자라고 있다. 서어나무와 함께 활엽수림 마지막 단계에서 나타나는 수종(13.09.01)

층층나무가 상처를 입으면 주황색 수액이 흘러 내린다(19.04.25)

(4) 옥류천(玉流川)

1636년 거대한 바위, 소요암(逍遙岩)에 홈을 파서 물길을 내어 물을 끌어 들여 작은 폭포로 물이 떨어지게 하는 옥류천을 만들었다고 해설판이 일러 준다. 이 지역에는 소요정(逍遙亭), 태극정(太極亭), 취한정(翠寒亭) 등의 아담한 정자와 볏짚으로 지붕을 덮은 청의정(淸漪亭)이 작은 논 가운데에 위치한다.

옥류천 계곡변은 토양이 비옥하여 피나물, 애기나리, 물봉선, 여러 제비꽃 종류가 자라고 있어 정말 전통냄새가 나는 지역이다. 또한 산자락에서 진달래꽃, 철쭉꽃을 만날 수도 있다. 옥류천 주변 숲에는 다른 세 정원보다 대경목 수가 좀 적은 편이다. 눈에 들어오는 대경목을 꼽아본다. 느티나무 1 주(흉고직경 72cm), 음나무 1 주(67cm), 굴참나무 3 주(61, 71, 85cm), 서어나무 1 주(52cm), 벚나무와 산벚나무 각 1 주(60, 57cm), 밤나무 1 주(64cm)를 볼 수 있었다.

1636년 소요암에 조성한 옥류천 물이 흘러 폭포로 떨어지게 함. 옥류천에 소요정, 태극정 등 4 개 정자 조성(06.08.20)

옥류천 입구에 서 있는 취한정과 붉은 단풍이 든 느티나무(08.11.20)

취한정과 주변 숲의 초봄. 봄이 늦었다(10.04.23)

취한정과 주변 숲의 초여름 경관(13.05.18)

옥류천 입구 취한정을 둘러싼 숲의 가을 모습(14.11.13)

옥류천의 소요암, 청의정, 소요정이 그려낸 초여름의 풍광(13.05.18)

청의정 논은 아직 깨어나지 않았고, 배경의 산림경관 신록이 기지개를 폈다(13.04.26)

청의정 논벼는 어수선한 숲의 상황에도 가을 결실을 맺어 가고 있다(13.09.01)

청의정 논의 벼 수확이 끝났다(14.11.13)

소요암은 여러 이끼들 마을이었다 (99.11.19)

소요암에 1636년에 물길을 만들고 작은 폭포에 물이 흐르게 하였다(06.08.20)

옥류천 물길 주변에 눈이 쌓였다(11.12.21)

옥류천 용출지가 돌지붕으로 보호되고 있고, 이끼가 벨벳과 같다(13.04.26)

소요암도 2013년 비원숲의 엄청난 참나무들 희생으로 비통에 잠겨 있는 듯하다(13.09.01)

옥류천을 흐르는 물줄기도 슬픔에 잠겨 흐른다 (13.09.01)

옥류천의 각자. 인조의 친필이라고 함(08.11.20)

옥류천 소요암 이끼가 벨벳모양이고, 청의정이 숨어 있다(19.04.25)

소요암 바위에 자라는 단풍취 개화로 옥류천 경관이 화사해졌다(19.04.25)

옥류천내의 주목이 온갖 풍상을 겪으면서도 꿋꿋하게 살고 있다 (10.04.23)

옥류천 고목 주목이 지지대에 의지하였고 줄기에 깊은 상처도 갖고 있다(19.04.25)

옥류천 이끼군락내에 보기 드문 흰제비꽃이 피었다(19.04.25)

시기를 잘 택하면 옥류천에서 피나물꽃을 볼 수 있었다(11.04.23)

8년이 지났지만 피나물이 자리를 지켜 주어 고맙기 그지 없다 (19.04.25)

애기나리 개화 모습(01.05.24)

옥류천에 남산제비꽃도 자리를 함께 하였다(01.05.24)

습지식물 고마리가 카페트를 깔아 놓았다. 이제는 이런 대규모 고마리군락을 볼 수가 없어 안타깝다 (01.05.24)

애기나리 군락지(01.05.24)

귀화식물인 서양등골나물이 옥류천에도 보였으나, 관리로 걱정을 덜었다(01.05.24)

습지식물 대표적인 주자인 물봉선이 군락이 붕괴되고 있다(06.10.15)

옥류천에 고사리 종류인 관중이 드물게 살고 있다(11.04.23)

흔하던 제비꽃 보기가 힘들어졌다(14.04.23)

남산제비꽃이 피었다(14.04.23)

비비추와 처녀치마가 어울려 자라고 있다(19.04.25)

가중나무 어린나무가 많이 자라 걱정이었는데, 잘 관리되어 후원에서는 걱정이 없어졌다(01.05.24)

비원숲이 더욱 무성해 질 수록 진달래나 철쭉은 줄어드는 것이 자연현상이다(19.04.25)

옥류천 봄 경치는 하늘까지 소문이 난 모양이다. 구름이 내려다 보고 있다(11.04.23)

6. 낙선재(樂善齋)

낙선재는 담장 내외의 화계가 아름다운 곳이다. 담장밖 서쪽 화계는 남쪽으로 면하며 반송이 잘 배열되어 있다. 낙선재 뒤 언덕은 세자가 사용하는 동궁(東宮)이 위치하는데, 동궁 서쪽 담장밖에 아름다운 수목 식재 공간이 있다. 이 지역에 대경목 목록에 등록된 처진개벚지나무 2주가 서 있다. 흉고직경은 각각 60, 62cm이며 수고는 7, 8m이다. 봄이면 연분홍 꽃이 핀 가지가 늘어진 모습이 아름답다.

본 지역에는 소나무, 단풍나무, 졸참나무, 거목의 자두나무가 계절마다 아름다움을 과시한다. 자두나무는 오얏이(李)를 뜻하는 나무로 이씨가계를 상징하는 나무이다.

낙선재 뒷마당 화계에는 자두, 살구나무, 진달래가 심겨져 있지만, 압권은 5월 하순에 피는 작약꽃으로 붉은 꽃이 피면 수반에 꽃과 잎을 꽂아 놓은 모습 같다. 화계 돌계단을 오르면 동궁으로 들 수 있는 문이지만 평소에는 일반 관람객 출입금지.

필자는 특별하게 우대를 받아 몇 번 동궁을 들 수 있었다. 동궁에 세자의 독서를 위하여 지은 건물지역에서 서울의 안산(案山)인 남산, 좌청룡인 인왕산과 우백호인 낙산을 볼 수가 있다. 동궁 서북쪽에 이삼백 년된 돌배나무가 서 있다. 꽃도 아름답지만 돌배주가 일품일 것이다.

낙선재 서편의 녹지공간. 반송을 식재 (01.05.14)

녹지공간에 식재된 능수개벚지나무. 꽃색갈이 유난히 짙다(11.04.23)

능수개벚지나무 가을 단풍도 예쁘다(19.11.16)

능수개벚지나무 검은 줄기와 누런 단풍이 대조적이다 (19.11.16)

녹지공간의 낙엽활엽수들 봄옷이 누런색 계통이다 (13.04.24)

요즈음 보기드문 진달래가 만발하였다 (14.04.03)

오얏나무라고 부르는 자두나무 꽃이 피었다. 李가의 상징 나무(11.04.23)

낙선재 화계에 봄꽃 색갈이 은은하다 (11.04.23)

낙선재 후원. 화계를 조성하였고, 화계 앞에 세심석을 배치(13.05.20)

낙선재 화계에 식재한 작약 꽃이 요염하다(13.05.20)

낙선재와도 연결된 태자의 거처이었던 동궁의 건축물과 세심석(13.05.20)

동궁내 태자의 독서실이었다함(13.05.20)

동궁내 독특한 원형의 문(13.05.20)

동궁 태자 독서실과 느티나무 단풍과의 가을 풍광(12.11.16)

동궁내 독특한 건축물 (13.04.26)

동궁의 감나무 가을 풍광(12.11.16)

동궁내 느티나무 단풍(19.11.16)

낙선재 길 건너 숲 언저리의 겨울 채비를 끝낸 느릅나무(19.11.16)

7. 취규정(聚奎亭) 주변숲

취규정은 후원의 북측 높은 곳에 동서, 남북축이 교차하는 지역 인근에 조영한 정자이다. 이곳에서 관람지, 옥류천, 신선원전으로 향하는 길이 나 있는 곳이다. 후원에서 높은 장소이긴 하나 키 큰 나무들이 취규정을 에워싸고 있어 전망은 기대할 수가 없다. 본 취규정을 어느 항목에 넣을지 몰라 독립항목으로 하였을 뿐이다.

취규정은 북쪽을 향하고 있으며, 본 정자 뒤쪽인 남쪽에 키 큰 굴참나무 2주가 서 있다. 이 굴참나무들이 취규정 호위무사 노릇을 하고 있다. 취규정 서쪽으로 키 큰 적송 1주가 숲속에 다른 나무들과 서 있다. 소나무가 한 주인지라 외롭게 보인다. 일제강점기인 1920년대에 출판한 조선고적도보 사진에 의하면 취규정 뒤로 낙락장송이 서 있었다. 그 소나무들은 다 어디로 가버리고 어미 잃은 소나무 한주가 남았을뿐이다.

취규정을 에워싸고 있는 굴참나무들의 나이는 50여년 정도될 것이다(99.11.19)

관람지와 옥류천 사이 능선에 세워진 정자, 취규정(聚奎亭). 거목 굴참나무로 둘러 싸여 있다(06.08.20)

취규정 뒤에 서 있는 굴참나무의 초여름 모습 (08.05.26)

취귀정을 둘러싸고 있는 굴참나무 신록(13.04.26)

소나무와 굴참나무 경쟁일까(13.04.26)

굴참나무 수피. 나이가 들 수록 수피는 두터워 간다 (19.04.25)

취규정 옆 굴참나무의 가을 풍광. 정자를 위협하는 것인지, 보호하는 것인지 모르겠다(14.11.13)

취귀정 동쪽 굴참나무 수형은 부채꼴로 독특하다(19.04.25)

8. 후원의 특이한 나무들

(1) 귀룽나무

귀룽나무는 벚나무 종류로서 우리나라 중부지방에서 제일 먼저 잎이 피고, 4월 중순~5월 중순에 흰색의 송이꽃이 핀다. 6월중 버찌가 달리며 새들이 좋아한다.

2009년 4월만에도 귀룽나무가 후원에 드물어 꽃을 보고는 아름다운 나무라 생각했다. 그러나 2013년 봄에 귀룽나무 뿌리에서 자란 어린 나무가 주변 땅을 덮은 것을 보고 퍼져가는 능력이 대단하다고 느꼈다.

2019년 4월 25일 답사시에는 여러 곳에서 귀룽나무와 뿌리에서 자란 어린 나무가 몬스터 형상을 한 것을 보고 놀랐다. 너무 요란스러워 멀리서도 눈에 잘 띄었다.

2009년 대경목 조사에서 3 주의 대경목이 등록되었다. 다래나무 생육지 인근과 연경당에서 출구로 나가는 탐방로에 각각 1 주(흉고직경48, 59cm), 어차고산에 1 주(흉고직경 57cm)가 등록되었다. 앞의 2 주는 뿌리맹아가 요란하였다.

2009년 6월 식생군집구조 조사에서 앞서 언급한 관람지에서 취규정길 숲에서 조사한 조사구 89에서 귀룽나무 상대우점치가 아교목층 21.5%, 관목층 12.2%이었다. 단풍나무가 주수종인 본 지역을 귀룽나무가 터를 잡은 것이다. 조사한지 10년이 지났으니 그 세력이 상당하게 확대되었을 것이다. 우려스러운 수종이다.

귀룽나무는 낙엽활엽수중 제일 먼저 잎이 핀다. 다른 나무들에 비해 잎이 짙은 초록색이다(09.04.06)

귀룽나무는 잎이 빨리 피니, 꽃도 일찍 핀다. 꽃이 수수이삭처럼 생겼다 (09.04.06)

다른 나무들은 잎이 나온지 얼마되지 않아 누런색이나 귀룽나무는 흰꽃이 만발하다(10.04.23)

짙은 초록색 맹아가 귀룽나무 생육지를 덮었다 (11.04.23)

귀룽나무 몸 전체가 흰꽃으로 덮혔다(11.04.23)

귀룽나무 맹아가 지표를 덮은 곳이 눈에 잘 들어온다 (13.04.26)

귀룽나무 맹아 세력지역이 해가 갈수록 늘어만 간다 (13.04.24)

다른 나무들은 새잎이 누런 상태지만, 귀룽나무는 지상과 지표를 짙은 초록색 잎으로 모두 덮었다(13.04.26)

귀룽나무 길 (13.04.24)

귀룽나무가 차지하는 공간도 상당히 넓다(13.04.26)

졸참나무 틈에서 자라고 있는 귀룽나무. 생활력이 강하다(13.04.26)

잎 지고 난뒤 가지만 남은 맹아 줄기가 지표면을 덮었다(14.11.13)

2019년에 들어와 귀룽나무가 후원 여러 곳에서 발견되었다(19.04.25)

귀룽나무길(19.04.25)

귀룽나무 한 주의 몸집이 이렇게 크다(19.04.25)

졸참나무와 귀룽나무가 잎의 색갈 비교로 개화시기 선후를 알 수 있다(19.04.25)

귀룽나무 꽃(19.04.25)

귀룽나무 한주에서 자라 나온 맹아(19.04.25)

귀룽나무 맹아 집단(19.04.25)

이정도면 귀룽나무는 그린 몬스터가 아닐까(19.04.25)

(2) 황매화

황매화는 일본이 원산지이며 낙엽활엽관목으로 키가 2m정도까지 자란다. 장미과로 겨울의 녹색가지와 나무 전체를 덮는 꽃으로 관상수로 많이 알려져 있다.

필자는 일본에서 정원과 궁원에 식재하는 것을 여러 곳에서 보았다. 국내에서는 계룡산국립공원 갑사지구 오리숲에 엄청난 규모로 자리를 차지하고 있어 놀란적이 있다. 꽃이 홑꽃은 황매화, 겹꽃은 죽단화라고 한다.

후원에서는 금호문에서 후원 서쪽 탐방길을 들어서 향나무 천연기념물을 뒤로 하고 돌다리를 건너면 황매화와 죽단화가 어울려 살고 있다. 2012년 11월 단풍, 2013년 4월말 꽃을 보면서 더 이상 퍼지지 않아야 할텐데 하면서 대수롭지 않게 생각했다.

그러나 7년후인 2019년 4월에 위의 황매화 집단이 규모가 커진 것을 알 수 있었다. 더 걸어 들어가니 다래나무 천연기념물 생육장소에서 길 건너 숲속, 산속 정자 능허정(凌虛亭) 북쪽 입구 산속에 황매화 집단이 꽃을 자랑하고 있었다. 심은 것인지, 저절로 자란 것인지 알 수가 없었다. 이 시기 4월은 신록이 시작되는 시기로 신록과 노란 황매화 꽃이 조화롭다. 번식속도가 빨라 후원에서 너무 존재감이 커져 곤란한 식물이다.

황매화의 가을 단풍. 꽃색만큼 단풍도 노란색. 이 시기에 식재한 것 같다(12.11.16)

황매화의 꽃이 활짝 피었다. 금호문에서 신선원전으로 가다보면 석축 개울가에 식재되었다(13.04.26)

황매화 잎은 엽맥이 나란하게 질서가 있다(13.06.09)

7년만에 석축 개울가 황매화는 커다란 집단으로 자라났다(19.04.25)

왼쪽 겹꽃, 오른쪽 홑꽃. 겹꽃은 죽단화, 홑꽃은 황매화. 일본이 원산(19.04.25)

석축 개울가가 아닌 후원 탐방로 깊은 곳 길가에서도 볼 수 있었다(19.04.25)

후원 숲속에 자라고 있는 죽단화 (19.04.25)

후원 숲속에서 자라고 있는 또 다른 지역 황매화 (19.04.25)

(3) 단풍나무

여기서 단풍나무(잎이 7개로 갈라짐)에 당단풍(잎이 9~11개로 갈라짐)까지 포함한다. 단풍나무는 산성토양에서 잘 견디는 나무로 남산에서 상당하게 퍼져있다.

후원에서는 1989년 당시에는 보통수종이라 크게 관심을 끌지 않았지만 세월이 흐르자 후원의 많은 지역에서 자라고 있어 가을이면 온 숲이 붉게 물든다. 2009년 대경목 분포현황에 7주나 등록되어 있었다. 수고가 9~12m로 아교목층을 차지하고 있으나 흉고직경이 35~45cm에 이르는 대경목이다.

2009년에 설정한 조사구 97개소(1개소 조사구 크기; 20x20m)중 단풍나무 세력이 강한 지역은 조사구 80과 89이었다. 조사구 80은 취규정에서 들어가는 능허정길 초입이었다. 본 조사구는 갈참나무-졸참나무군집이었다. 교목층 상대우점치가 갈참나무 23.4%, 졸참나무 21.9%이었다. 반면, 단풍나무 값은 교목층 21.8%, 아교목층 35.0%, 관목층 22.1%로서 단풍나무 세력이 절대적이었다. 가을이면 이 지역 숲 전체가 붉을 것이다.

조사구 89는 서어나무숲을 설명한 조사구이다. 본 조사구에서도 단풍나무 세력은 절대적이었다. 단풍나무 교목층 상대우점치가 43.0%로서 다른 수종인 갈참나무(21.0%), 잣나무(13.9%), 산벚나무(13.2%) 보다 상당하게 세력이 컸다. 단풍나무는 아교목층 28.0%, 관목층 26.0%로 다른 수종보다 절대적인 우위를 차지하고 있어 단풍나무 세상이었다.

서울 남산 활엽수숲에서 계속 세력이 확장되고 있는 수종은 팥배나무, 때죽나무이었는데, 후원에서는 이들 수종 세력이 크게 확장되지 않았다.

팥배나무는 종자를 많이 다는 나무로 야생조류인 멧비둘기, 어치, 직박구리 등이 좋아하여 이들에 의해 전파될 공산이 높기에 계속 모니터링이 필요하다.

단풍나무 잎에 흰반점이 많이 생기면 오존 피해이라고 알려져 있다(98.10.20)

2000년대 전후로 서울 중심에는 식물 잎에 오존 피해가 발생함(06.10.15)

1999년 일부 참나무 숲에 아교목과 관목층에 단풍나무 종류가 세력을 장악(99.11.19)

참나무숲에 단풍나무가 나타나기 시작한다(06.11.17)

잎이 9~11장으로 갈라지는 당단풍나무의 가을 빛은 유난히 붉다 (06.11.17)

부용지 주변에 식재된 단풍나무. 부용지 가을 풍광을 아름답게 해준다(06.11.17)

부지런히 자란 단풍나무가 참나무숲에서 큰 나무들과 어깨를 나란히 한다(06.11.17)

단풍나무 세력을 이겨낼 나무들이 없다(06.11.17)

참나무숲 그늘에서 어렵사리 자리를 차지한 단풍나무(13.05.18)

단풍나무가 참나무숲 관목층 대부분을 차지하였다(08.05.26)

이미 10여년전에 후원 참나무숲에서 단풍나무가 큰 세력을 차지했다. 산성토양에서 잘 견딘다(08.11.20)

참나무숲 관목층에 빽빽하게 자라고 있는 단풍나무(09.04.16)

아교목층을 완전하게 장악하고 있는 단풍나무 (09.11.05)

2011년 당시 단풍나무 세력이 너무 빨리 증가하여 앞날을 걱정하였다(11.11.11)

단풍나무가 아름답게 단풍이 들었다(12.11.16)

단풍나무중 강원도에서 자라는 온대 북부 수종 복자기도 더불어 살고 다(12.11.16)

이제는 후원숲에 단풍나무가 잘 어울린다(12.11.16)

희정당 서측에 홍단풍이 붉게 단장을 하였다. 일본에서 온 이민 2세대로 정착 성공(13.04.26)

소나무 식재지 곁에 홍단풍이 자리하고 있는데 식재한 것일까(13.04.26)

건축물 곁에 이렇듯 큰 노무라 단풍나무가 자라는 것은 식재 덕분일게다(13.06.07)

당단풍나무 잎으로 가을 붉은 색이 매우 곱다(13.05.17)

당단풍나무 집단(13.05.17)

단풍나무에 붉은 열매가 달렸다. 이렇듯 열매가 많이 달리니 단풍나무 세상이 되는 것은 쉬운일(13.05.18)

2013년에 이미 단풍나무 세상을 이루었다(13.05.18)

이렇듯 단풍나무 세상이 되면 다른 나무가 살 수 없어 단순한 숲이 되어간다(13.05.18)

다른 나무에 비해 유난이 잎이 붉다(14.11.13)

노란 느티나무잎과 붉은 단풍나무 잎이 조화롭다 (14.11.13)

다른 나무에 비해 단풍이 늦게 앉는다(14.11.13)

참나무숲속 단풍나무가 방문객 시선을 압도한다 (14.11.13)

탐방로 단풍나무가 꽉 들어차 방문객들은 어쩔줄 몰라 한다(14.11.13)

단풍나무 수형이 단정하다(14.11.13)

5년만에 다시 찾은 후원은 단풍나무종류가 더욱 많아진 것을 느낄 수 있다(19.04.25)

이 정도면 단풍나무 세상이 아닐까(19.04.25)

단풍나무 꽃이 지고 열매가 앉을 순서이다(19.04.25)

연경당 담장 밖 노무라단풍은 식재했을 것이다(13.05.18)

노무라 단풍나무가 상당히 크게 자랐다(13.05.20)

노무라단풍 2세대인 홍단풍이 봄숲을 더 아름답게 한다(19.04.25)

이제 후원에서 홍단풍이 봄경관을 아름답게 하는 수종인데 이민 2세대라고 차별할 수 없겠다(19.04.25)

숲속에 눈에 띠게 자리하고 있는 홍단풍나무(19.04.25)

당단풍나무도 큰 세력을 확보하고 있다(19.04.25)

큰 단풍나무가 많은 열매를 안고 있다. 떨어진 열매는 다람쥐에게 식량이 된다 (19.04.25)

단풍나무가 교목층까지 자란 나무들을 종종 볼 수 있다(19.04.25)

대궐 앞마당의 단풍나무가 고운 자태를 뽐낸다(19.11.16)

비원 입구에서 바라본 단풍 모습. 필자의 기록은 후원 숲 출입이 관광객 동선이외는 안되어 여기서 종료. 아쉽다(19.11.16)

(4) 음나무

음나무는 두릅나무과로 우리나라 자생종이며 수고 25m, 흉고직경 1m까지 자랄 수 있다. 야생종은 군집을 형성하지 않고, 독립적으로 여기저기에 자란다. 줄기는 하나로 자라며 흑갈색으로 불규칙하게 세로로 갈라진다. 잎은 손바닥 모양으로 5~9개로 갈라지며, 길이와 넓이가 각각 10~30cm정도로 크게 자란다.

목재는 가구재, 조각재, 악기재 등으로 사용되는 고급용도이다. 속명이 카로파낙스(*Kalopanax*)로 파낙스(만병치료제)라는 단어가 인삼(*Panax ginseng*)의 학명과 일부가 같을 정도로 약재로 유명한 나무이다. 여름 보양식으로 백숙에 음나무 가지를 짤라 넣고 끓여 만든 음닭(엄닭) 백숙으로 유명한 약재이다. 봄의 새싹을 채취하여 나물로 먹는다.

후원에는 음나무 대경목이 46 주나 사는 특이한 지역이다. 음나무는 집단적으로 자라지 않는데 이같이 많이 자라는 것은 조선시대 후원에 약초나 약용나무를 키워 생약재료로 이용하였을 가능성이 높다. 여러 약용식물이 후원에 생육하는 것을 보면 추정 가능한 이야기이다.

2008년 6월 조사 자료에 의하면 연경당~주합루 주변 숲에서 음나무 대경목이 30 주이상이 사는 것으로 보아 식재 가능성이 더 높아졌다. 군집조사에서 음나무 세력이 높았던 조사구는 조사구 62, 82이었다. 조사구 62는 옥류천 남쪽숲, 조사구 82는 앞서 언급한 적이 있는 능허정 입구숲이다.

조사구 62는 굴참나무-졸참나무군집으로 교목층 상대우점치가 굴참나무 41.1%, 졸참나무 38.0%, 음나무 20.9%로 음나무가 교목층을 형성하지만, 참나무류처럼 무리를 짓지 않아 음나무 세력이 뒤떨어진다. 특이한 점은 음나무가 아교목층과 관목층에서 나타나지 않는다는 것이다.

조사구 82는 음나무-낙엽활엽수군집으로 교목층에서 상대우점치가 음나무 34.2%로서 갈참나무(23.0%) 들메나무(17.4%) 등 보다 세력이 큰 것은 음나무 크기가 다른 나무보다 더 큰 것에 기인한다. 이곳에서도 아교목층과 관목층에서 음나무가 보이지 않았다. 그러나 후원의 다른 지역에서 간혹 어린나무를 볼 수 있었다.

음나무 어린나무가 자라고 있다(13.04.26)

음나무 큰 나무의 줄기. 가시는 없어지고 콜크층이 두터운 줄기를 감싸고 있다(13.05.17)

수관층이 아름다워 관상수로 간혹 식재하기도 한다 (13.05.17)

어린 음나무 여러주가 함께 자라고 있다 (13.05.17)

어린 음나무가 자라고 있다. 잎에 인삼과 같이 사포닌 성분이 있어 고급 약재식물이다(13.05.18)

어린 음나무가 잎이 깨끗하고 싱싱하게 자라고 있다 (13.06.07)

음나무 거목. 음나무는 크게 자라는 나무로 키가 20m 이상 자랄 수 있다(19.04.25)

어린 나무는 줄기에 예리한 가시가 있어 좋은 약 성분이 함유된 잎을 보호한다(19.04.25)

중층에 자라고 있는 음나무는 서서히 가시에 대한 집착을 버리게 된다(19.04.25)

음나무 잎. 팔손이 잎과 비슷하게 보통 5~9 개로 갈라진다(19.04.25)

(5) 산벚나무

봄이면 중부지방 산마다 산벚나무 꽃이 점박이로 박혀 산벚나무 수가 많은 것으로 착각하게 된다. 후원에도 산벚나무 꽃을 많이 볼 수 있어 산벚나무가 우세한 숲으로 여길 수도 있다. 산벚나무 대경목은 모두 4주로 큰 나무가 후원숲에 많지는 않다.

산벚나무는 서울 남산, 후원숲에서 환경오염피해 현상이 가장 일찍 나타난 수종이다. 1993년 이후 후원숲에서 산벚나무 고사목이 많이 발견되었다. 2006년경이 가장 피해가 많아, 이 당시 산벚나무 벌채목을 장작더미로 쌓아 놓았었다. 밤나무도 당시 고사목이 많이 발생하였다. 후원에서 환경오염피해 증상이 가장 먼저 발생된 수종들이다.

이런 이유로 대경목 목록에 4주밖에 등록되지 못한 것이다. 산벚나무 열매인 버찌는 사람을 비롯, 여러 종류의 새들이 좋아하여 숲 전체로 퍼질 수 있는 수종이다. 군집구조 조사지역은 조사구 33, 34로 능허정 서쪽 숲이다. 조사구 33지역은 상층 상대우점치는 졸참나무 42.2%, 산벚나무 37.3%, 신갈나무 20.5%로서 참나무들과 산벚나무가 함께 자라고 있었다.

조사구 34는 교목층 산벚나무 50.4%, 신갈나무 17.4%, 졸참나무 16.3%로 산벚나무 세력이 절대적이었다. 아교목층에서는 팥배나무 52.8%, 때죽나무 23.5%, 산벚나무 12.8%이었다. 본 조사구는 산벚나무 세력이 컸다.

본 조사구에서 팥배나무와 때죽나무 상대우점치가 높은 것이 눈을 끈다. 이 두수종은 산성토양과 같은 척박한 토양에서 내성이 강한 수종이어서 후원 숲에서 계속 세력이 높아질 것이다. 지속적인 모니터링이 필요하다.

1990년대 초에 벚나무가 많이 쓰러지기 시작했다(93.07.17)

2000년대에 들어와 많은 벚나무가 산속에서 수를 다했다(99.11.19)

죽은 대경목 벚나무가 줄기가 부러졌다(01.02.27)

죽은 벚나무 줄기가 벗겨지기 시작했다(01.05.24)

벚나무 줄기가 세개였는데 왼쪽 줄기가 죽어 넘어졌다(06.10.15)

후원에서 환경오염에 의해 처음으로 피해를 입은 나무는 벚나무, 밤나무이었다(06.10.15)

죽은 벚나무 줄기로 장작더미를 만들었다(06.11.17)

살아난 굵은 벚나무가 참나무숲속에 서있다(06.11.17)

벚나무줄기에 생긴 큰 구멍. 동물 집으로 이용될 것이다(06.11.17)

대경목 벚나무 가을 모습. 잎이 다른 나무에 비해 빨리 진다(06.11.17)

죽은 벚나무 줄기 수피가 많이 벗겨졌다(08.11.20)

살아남은 벚나무는 꽃을 피며 계절시계에 맞추어 살아간다(09.04.16)

줄기가 부러진 나무에서도 꽃이 피었다(10.04.23)

길섶 양쪽에 벚꽃이 피었다(10.04.23)

졸참나무 잎이 제대로 피지 않았는데 벚나무는 만개하였다(13.04.26)

봄에 후원에서 벚꽃을 반갑게 대하지만 마음이 찡하다(13.04.26)

살아 있는 벚나무들도 뿌리 맹아를 키워 차세대를 키우려 노력한다(13.05.17)

서있는채 죽은 벚나무 수피가 차츰 사라지고 있다(13.05.18)

벚나무 맹아들이 빗자루처럼 자라났다(14.09.05)

죽은 벚나무 줄기에 많은 버섯종류가 자라고 있다(14.09.05)

(6) 오갈피나무

우리나라 산야에서 자라는 낙엽활엽관목으로 키가 3~4m에 이른다. 수분이 좀 많은 토양을 좋아하고 음지를 싫어한다. 잎은 3~5장으로 구성된 장상복엽. 뿌리와 줄기 껍질을 약재로 사용하며, 수피를 볶아 차, 음료수로 사용한다. 꽃은 꿀이 많아 밀원식물이다.

우리나라 중부지방에서 흔히 볼 수 있는 수종이 아니며, 남산에서 거의 볼 수가 없었다. 후원숲에서 의외로 흔히 볼 수 있었다. 큰 나무 그늘을 싫어하며, 양지를 좋아하는데, 생약 재료로 쓰기위해 식재한 것 같다.

오갈피나무 잎(13.06.07)

어린 오갈피나무. 심은 것이 아닐 것이다(13.05.17)

오갈피나무가 크게 자랐지만 관목 상태를 유지한다(13.06.09)

후원에 오갈피나무를 쉽게 만날 수 있는 것은 조선조에 생약 재료로 심지 않았을까(19.04.25)

오갈피나무 군락에 이름 팻말을 세웠다(19.04.25)

크게 자란 오갈피나무(19.04.25)

9. 소나무

후원에서 대경목으로 선정된 소나무 7주는 거의 대부분 건축물 주변에 식재된 나무이다. 자생종으로 추측되는 소나무는 2009년 당시 흉고직경 50cm미만으로 숲을 이루지 못하고, 많아야 3~5주씩 살고 있을 뿐이다. 자생하는 소나무는 후원숲에서 30주 미만이다.

1394년 백악산, 낙타산, 인왕산, 남산을 내사산(內四山)으로한 풍수를 바탕으로 조선은 한양으로 천도를 하였다. 1411년(태종 11년)에 장정 3천명을 동원하여 20일동안 남산을 비롯하여 사산에 소나무를 식재하였다 한다. 그간 사산을 보호하는 정책 시도가 계속되었으나 보호가 만만치 않았던 모양이다.

1469년(예종 원년)에 도성내외송목금벌사목(都城內外松木禁伐事目)을 시행하게 이른다. 8 개 조항으로 되어 있다. 중요한 사항은 도성내외 사산에서 소나무를 베는 자는 곤장 1백대를 때리고, 파직 또는 외방으로 부처토록 하였다. 사산의 감찰은 병조와 한성부 관리가 하도록 하였다. 아울러 도봉산, 삼각산은 한양 도성의 주산(북악산) 내맥(來脈)의 연결 지점으로 병조에서 소나무 감찰을 하게 하였다.

1820년대에 제작된 동궐도에 의하면 후원 능선부는 낙락장송이 주를 이루었고, 1902~3년 이탈리아 총영사 까를로가 찍은 사진에 의하면 후원 옥류천에 소나무는 낙락장송이었다.

그런데 지금 후원에서 건축물 인근에 식재된 소나무를 제외하면 숲속에는 흉고직경 50cm이하인 70~80년생 소나무가 산발적으로 서 있다. 80~100년전에 낙락장송이 거의 벌채되자, 대신 아교목과 관목층에서 자라던 참나무들이 커져 오늘날과 같은 숲을 이루게 된 것이다. 온대 중부지방에서 참나무류는 진화 중간 수종일뿐 마지막 단계 수종이 아니다. 후원이 거의 고립되어 앞으로 발달될 수종 출현 기대는 어렵다. 현재의 참나무숲을 잘 관리할 수 밖에 없다. 그러나 1980년대 발생된 참나무시들음병으로 된서리를 맞았다. 역사의 흐름에서 현재의 후원숲은 참나무숲일 뿐이다. 여기서 미래숲을 찾아 내야할 것이다.

2008년 6월 군집구조 조사에서 소나무가 어느 정도 세력을 형성하고 있는 조사구 2개소를 선정하였다. 한 곳은 조사구 37로서 신선원전 길 건너 동쪽 졸참나무–소나무군집이었다. 다른 하나는 조사구 69로서 취규정 동쪽으로 소나무가 서 있는 곳으로 굴참나무–소나무군집이었다.

졸참나무–소나무군집 상대우점치는 교목층에서 졸참나무 37.7%, 소나무 20.2%, 산벚나무 14.9%, 신갈나무 10.5%, 상수리나무 8.5%, 굴참나무 8.2%로서 소나무가 참나무류들에 둘러 싸여 있어 살아가는 것이 만만치 않았다. 아교목층에서 팥배나무 20.4%, 당단풍나무와 잣나무가 각각 10.1%이고, 관목층에서는 당단풍이 24.6%로서 소나무에 우호적인 수종이 없어, 독자 생존이 만만하지 않다.

다음으로 굴참나무–소나무군집이다. 교목층 상대우점치는 굴참나무 50.5%, 소나무 30.0%, 팥배나무 13.1%, 상수리나무 6.6%이었다. 척박한 지역에 굴참나무와 소나무가 함께 살고 있다. 아교목층은 팥배나무 20.4%, 상수리나무 20.8%, 소나무 16.6%이었다. 관목층에서는 단풍나무종류 20.6%, 때죽나무 14.0%, 굴참나무 5.3%로서 역시 단풍나무 종류와 때죽나무 세력이 우세하였다. 토양이 건조한 지역이어서 굴참나무와 소나무의 공생은 지속될 것이다.

1820년대 후반에 제작된 동궐도에는 옥류천 주변을 소나무들이 에워싸고 있었다. 지금은 두 주 소나무만이 남아있다(14.11.13)

줄기 굵기가 크지 않은 소나무 4주가 참나무숲에서 자라고 있었다(93.07.17)

흉고직경 15~20cm 정도되는 소나무 20여주가 길섶에 식재되었다(93.07.17)

대경목 소나무가 약간의 잎과 가지를 머리에 이고 팥배나무 등의 활엽수속에 파묻혀 있었다(93.07.17)

식재된 소나무들이 그나마 잘 자라고 있다(01.02.27)

흉고직경 20cm 정도의 소나무 4주가 참나무숲속에서 자라고 있다. 1주를 제외하고 수형이 양호하다(06.08.20)

금호문에서 신선원전 가는 길섶에 심은 소나무가 잘 자라고 있다 (06.08.20)

소나무가 참나무들과 세력이 평형상태를 유지하고 있다(06.11.17)

애련지 동쪽 구석에 몇 주의 소나무가 숲을 이루어 잘 자라고 있다(06.11.17)

수관이 예쁘게 정제된 미송이지만 고립되어 있다 (08.05.26)

신선원전 가는 길섶에 식재된 소나무들이 활엽수들과 어울려 살고 있다(08.05.26)

신선원전 가는 길섶에 심은 소나무가 잘 자라나 숲을 이루었다(08.11.20)

상서원(尙瑞院) 건물 뒤로 소나무 10 여주가 벚나무, 팥배나무 등과 어울려 살고 있다(09.04.16)

취규정 동편 숲에 소나무 10 여주가 굴참나무 숲속에 집단을 이루고 있다. 흉고직경 20cm 정도(09.04.16)

아직 활엽수들이 잎이 피지 않아 소나무가 존재감을 드러내고 있다(09.04.16)

식재된 어린 소나무가 계속 잘 자라기 위해서는 사람 손이 필요하다(10.04.23)

대형 소나무가 우듬지가 짤려 수관속에서 줄기가 휘었다(11.04.23)

취규정 동편 굴참나무 숲속의 소나무집단(13.04.26)

굴참나무 숲속에 고립되어 자라고 있는 두 주 소나무. 굴참나무나 소나무는 건조한 토질에서도 생육 가능 (13.04.26)

금호문 내려가는 길. 돌다리 인근 소나무와 식재된 철쭉꽃이 어울리지만 전통정원에 맞는 경관일까(13.05.17)

애련지 북동쪽 구석에 자라고 있는 예닐곱 주의 적송들(13.05.18)

소나무가 굴참나무 숲속에서 잘 자라고 있다(13.05.18)

신선원전 가는 길섶에 심은 소나무가 잘 정착되었다 (13.06.07)

희정당 담 밖에는 못 생긴 소나무 예닐곱 주가 사람의 관리를 받고 있다(13.05.17)

후원 서편 담 가까이 잣나무 몇 주가 식재되어 있다(13.05.18)

수관 일부만 남고 줄기도 굽은 모양새가 요란한 소나무(13.06.07)

팥배나무 등의 낙엽활엽수숲에 두 주 소나무가 자라고 있다. 줄기는 붉으나 굽어 있다(13.06.07)

소나무 몇주가 활엽수들 보다 웃자랐다(14.11.13)

길섶에 식재한 소나무가 보살핌속에 자라나 제구실을 한다. 기왕이면 줄기가 곧았었으면 좋았을텐데(19.04.25)

식재된 소나무들이 잘 자라나 소나무군락을 이루게 되었다 (19.04.25)

수령이 30 여년 밖에 되지 않은 소나무들이 활엽수들과 잘 어울린다. 끝까지 살아 남아야 되는데(19.04.25)

취규정 동편 굴참나무숲속 소나무가 크게 자라났다 (19.04.25)

애련지 동편 소나무들이 잘 크고 있으나 줄기가 뒤틀리는 등 모양새가 좋지 못하다(19.04.25)

부용지에서 애련지사이 길섶에 식재된 소나무들 수형이 모범적이지 못하다(13.05.18)

대궐 앞마당에 조성한 소나무 집단 식재지(19.11.16)

우듬지들이 일찍 없어져 젊은 나이임에도 수형이 완전한 평정형(19.11.16)

대궐 앞마당이라 이렇듯 줄기가 흰 나무들도 조경수라고 놔두어야 할까(19.11.16)

일찍 우듬지가 없어지자 궁여지책으로 자라난 곁가지로 수형이 비정상이다(19.11.16)

10. 참나무숲

2008년 현재 후원숲 면적 293,455㎡의 73%가 참나무숲으로 밝혀졌다. 갈참나무숲과 다른 수종과 혼효된 숲과 합치면 후원숲 면적의 29.7%, 참나무숲의 40.9%로 절대적인 우위를 차지하고 있다. 해발고가 낮고 평지 지형이 넓어, 토양 수분이 다른 곳보다 많았기에 갈참나무들이 많이 자랐던 것이다.

두 번째가 졸참나무와 다른 수종과 혼효된 숲까지 합치면 후원숲의 17.4%(참나무숲의 23.9%)이었다. 졸참나무는 우리나라 남부지방에 많이 자생하는 나무이다. 서울지역 온도가 높아질수록 졸참나무 면적이 늘어날 것이다.

세 번째는 굴참나무와 굴참나무와 다른 나무가 혼효된 숲을 모두 합치면 후원숲의 10.7%(참나무숲중 14.7%)로 토양이 척박한 능선부 위주로 생육하고 있다. 굴참나무 면적이 늘어날 수록 건조한 토양 면적이 늘어난다는 것을 알 수 있다. 넷째가 신갈나무숲이 후원숲의 9.9%. 다섯째가 상수리나무숲이 4.9%이었다.

(1) 거목의 참나무

대경목 총 275주중 참나무 종류는 졸참나무 15 주, 갈참나무 14 주, 굴참나무와 상수리나무가 각각 3 주, 신갈나무가 1 주로 참나무류만 36 주이었다. 흉고직경이 50cm이상인 나무가 이 정도라는 것이다. 수령이 50~60년생이 대경목인 것을 보면 조선시대에 참나무를 심거나 가꾼 것이 아니라 소나무 벌채이후 대상수종(代償樹種)으로 자리를 잡은 것이다.

졸참나무 대경목은 모두 15주 로서 흉고직경이 60~89cm이며, 80cm이상은 6 주 이었고 수고 범위는 15~23m이었다. 갈참나무 대경목은 14 주로 흉고직경은 61~111cm이며, 80cm이상은 6 주이었다. 수고는 16~23m이었다. 흉고직경 80cm이상의 나무중 5 주가 100cm이상의 개체이었다. 갈참나무가 졸참나무보다 생장이 더 좋은 상태이었다. 본 조사는 2009년도 조사치이고, 2013년부터 참나무시들음병이 만연되어 많은 참나무가 희생되어 과연 대경목 참나무가 어느 정도 희생이 되었는지 궁금하다. 특히 줄기 껍질이 얇은 나무인 졸참나무, 갈참나무. 신갈나무들의 피해가 두꺼운 굴참나무와 상수리나무보다 더 심했을 것이다.

굴참나무 대경목은 3 주로, 흉고직경 70~108cm, 수고 17~20m이었다. 굴참나무는 척박하고 기온이 비교적 높은 지역에서 자생하는 나무이다. 주로 영남지방에서 숲을 이루며 살고 있다. 후원에서 굴참나무숲이 전체 참나무숲의 14.7%이라는 것은 의외의 일이다. 편견을 버리고 현재의 비원숲의 자연현상을 그대로 받아 들여야할 것이다.

상수리나무 대경목은 3주로서 흉고지경 57~68cm, 수고 16~19m이었다. 상수리나무는 오래전부터 가축식물(家畜植物)로 마을마다 키워온 나무이다. 가뭄이 들면 구황식물로 도토리를 식용으로 사용하였다. 상수리나무숲은 자연숲보다 사람이 키운 숲이 대부분이다. 후원숲 상수리나무도 심었을까.

신갈나무 대경목은 1 주로서 흉고직경 65cm, 수고 15m이었다. 신갈나무는 온대 북부지역에 많이 사는 나무로서 후원에서는 신갈나무 세력이 약한 편이다. 더위에 약한데 비원숲은 도심이라 온도가 계속 오를텐데 신갈나무 미래가 걱정된다. 해발 265m인 남산 북사면의 주수종이 신갈나무, 후원숲에서는 갈참나무가 주 수종인 것이 대조가 된다.

대경목 집중 지역중 졸참나무와 갈참나무 집중 분포지역을 살펴본다. 대경목 지역 2는 취규정 인근, 지역 3은 취규정에서 관람지에 이르는 탐방로 숲, 지역 4는 연경당 숲지역, 지역 5는 주합루 주변 숲인데. 이런 곳에 참나무 대경목이 위치한다. 후원 숲 전반에 걸쳐 참나무 대경목이 자라고 있다.

건물 외곽을 대형 굴참나무와 졸참나무가 에워싸고 있다(01.05.14)

졸참나무가 주변 나무들과 평화스럽게 지내고 있다(06.11.07)

참나무숲이 가을 치장을 화사하게 하였다(06.11.17)

갈참나무 거목의 줄기와 가지(08.05.26)

대형 갈참나무가 소나무와 함께 하고 있다(08.05.16)

참나무 시들음병을 퍼트리는 풍뎅이 침입을 막기위한 비닐막이 참나무에게 설치되었다(10.04.23)

희정당 담장안에 서있는 대경목의 갈참나무. 참나무시들음병 방제용 비닐이 둘러쳐짐(13.04.24)

참나무숲속의 대형 벚나무가 베어진 그루터기에서 맹아가 돋아났다(13.04.26)

후원숲 여기저기에 참나무시들음병 방제 보호막을 두룬 나무들(13.05.17)

졸참나무 수관이 너무 넓어 옆의 나무들 생장에 지장을 준다(13.05.17)

갈참나무의 계속적인 생장에 희정당 담이 무너질 수도 있겠다 (13.05.17)

산속 대경목이 운 좋게 대규모 외과 수술을 받았다 (13.05.18)

수피 생김이 뚜렷하게 구분된다. 왼쪽 신갈나무, 오른쪽 굴참나무(13.05.18)

대형 굴참나무와 신갈나무가 함께 자라고 있다 (13.05.18)

후원 숲속 깊은 곳에 위치한 능허정 주변에 대형 참나무들이 자라고 있다(13.05.18)

대형 신갈나무, 굴참나무가 숲을 이루고 있다(13.05.18)

대형 졸참나무 뿌리목에 큰 버섯이 자라고 있다. 버섯이 커져가면 나무는 기력이 쇠해짐을 알려준다(14.09.05)

굴참나무 수관이 폭력적으로 자라고 있다. 이런 나무를 울프트리(Wolf Tree)라고 하기도 한다(14.11.13)

수관이 폭력적으로 자란 갈참나무(19.04.25)

대형 갈참나무의 여러 줄기중 일부가 썩어 들어가고 있다(19.04.25)

대형 굴참나무 3주가 빨간 테이프로 표시 되었다. 참나무시들음병에서 살아 남았다는 표시일게다(19.04.25)

후원 능선부에는 건조하고 척박한 토질에서 자라는 굴참나무가 많이 서 있다(19.04.25)

(2) 맹아가 돋아난 수종

나무들은 차대를 만들어 내는 방법중 하나가 원줄기에서 뻗어난 뿌리에서 새로운 후손 나무들이 돋아나 후대를 이어 나간다. 뿌리에서 새싹이 돋아 나는 것을 맹아(萌芽)라고 한다. 이런 맹아가 다른 지역에서는 잘 발생되지 않는데, 서울지역에서는 유독 맹아 발생이 많이 되는 수종들이 있다. 이런 수종들이 많이 있는 것은 정상적인 숲이 아니며, 토양상태가 불량한 것이 원인이다.

2006년 남산 조사시 남산과 오대산 지역 신갈나무의 맹아발생 상태를 조사한 결과 맹아 발생률이 남산 23.7%, 오대산 3.6%로 커다란 차이를 나타냈다.

1995년부터 후원숲에서 맹아를 발생하는 수목을 관찰할 수 있었다. 신갈나무가 1998년, 때죽나무가 1998년, 졸참나무가 2001년부터 맹아가 흔하게 관찰되었다. 2006년이후 산벚나무 맹아가 덤불처럼 다북하게 발생되는 현상이 목격되었다. 이 시기부터 산벚나무 고사목이 흔하게 관찰되었다. 이 당시 단풍나무도 눈길을 끌었다. 2009년이후 귀룽나무 맹아가 나무인근 지표를 완전 점령하는 방법으로 다북하게 자라는 모습이 눈에 띄었다.

참나무시들음병으로 인한 고사목 벌채(2013년부터)이후 벌채목에서 우후죽순처럼 자라나게 된다. 산성토양에서 내성이 강한 때죽나무조차 맹아가 돋아나는 것을 볼 수 있었다. 맹아는 흔히 한 뿌리목에서 10~30개씩 올라오는데 이중 1~3개만 남기고 나머지는 베어 주어야 차대생장에 보탬이 되는데 실행가능할까. 게다가 맹아로 자란 나무 잔존률도 낮다고 하니 효과가 제대로 있을는지 의구심이 든다.

여하튼 후원숲에서 여러 종류 수목에서 맹아가 발생한다는 것은 토양의 산성화로 인한 척박하여진 것에 대한 나무들이 내놓은 궁여지책이다. 모든 것이 사람들 잘못인데 어떻게 해결해야할지 걱정이 앞선다.

단풍나무 맹아. 몸에 이상이 있는 나무가 새롭게 출발하려는 신호가 맹아(13.05.18)

신갈나무 맹아. 이렇게 여러 맹아가 올라 오는 것을 그대로 놔두면 제대로 자라나지 못한다(95.05.06)

때죽나무 맹아(98.10.20)

졸참나무 맹아(98.10.28)

졸참나무 맹아(01.05.24)

벚나무 맹아로 요란하다(06.10.15)

물푸레나무 맹아(06.11.17)

단풍나무 맹아(08.05.26)

벚나무 맹아. 벚나무는 대체로 요란하다(08.11.20)

맹아 백미는 귀룽나무이다. 한 나무에서 뿌리마다 맹아가 솟아 나는 것 같다(09.04.16)

갈참나무 맹아(13.04.03)

팥배나무 맹아(13.05.17)

맹아가 물푸레나무 잎 생김새를 잘 표현하였다(13.05.17)

단풍나무 맹아가 지표면을 덮었다(13.05.17)

벚나무 맹아(13.05.17)

갈참나무 맹아(13.05.18)

벚나무 맹아(14.09.05)

때죽나무 맹아(19.04.25)

때죽나무와 맹아가 함께 고사하였다(19.04.25)

당단풍나무 줄기도 요란하고 맹아도 많이 나왔다 (19.04.25)

(3) 고정조사구내 식생의 변화

능허정 서쪽 참나무숲에 1990년 조사구 1,200㎡를 설정, 2~3년마다 동일 장소에서의 식생변화를 조사하였다. 2006년에 조사를 끝내 16년간 변화과정을 살펴볼 수 있었다. 사실은 30~50년간 조사를 해야되는데, 우리 현실에서 불가능하다. 조사를 10여명이 팀작업을 해야하는데 교수도 나이가 드는 것은 물론, 대학원생들은 2~5년마다 계속 바뀌어 연속성을 갖는 연구가 상당히 어렵다.

참나무 종류부터 1990~2006년까지의 식생구조 변화를 분석하였다. 층위별(교목층, 아교목층, 관목층)로 상대우점치(%)로 산정하였다.

교목층에서 갈참나무 상대우점치가 1990년 73.2% → 2006년 11.4%, 90년 신갈나무 1.7% → 21.4%, 졸참나무 90년 15.2% → 06년 48.5%로서 갈참나무가 쇠퇴하고 신갈나무와 졸참나무 세력은 증가하였다. 도심 온도 상승으로 토양 건조화, 지속적인 양이온 감소가 원인일 것이다.

팥배나무는 90년 아교목층 7.7%, 관목층 18.8% → 06년 아교목층 21.1%, 관목층 16.8%로 변하였다. 당단풍나무는 90년 아교목층 11.0%, 관목층 21.0% → 06년 교목층 1.0%, 아교목층 12.1%, 관목층 38.4%로 변했다. 이 두수종의 세력 확장이 16년동안 현저하게 일어난 것이다. 산성토양에 내성이 강한 3대 수종이 위의 두 수종과 때죽나무이다.

이미 때죽나무는 90년 조사로는 아교목층 53.6%, 관목층 25.6%이었다. 2006년에는 아교목층 53.7%, 관목층 12.3%로서 아교목층에서 큰 변화가 없었다. 아교목층에서 세력이 절대적인 수목의 세력이 16년간 지속하였다니 보통 일이 아니다. 관목층에서는 세력이 반감되었는데 방어물질을 많이 배출하는 식물들은 자기들 차대 발생률은 낮아지는 수가 있다.

세력이 감소된 수종중 두 수종만 살펴 본다. 산벚나무 아교목층 90년 4.2% → 2006년 1.9%로 감소하였다. 진달래는 90년 아교목층 18.0%, 관목층 20.8% → 2006년 아교목층 5.5%, 관목층 6.9%로 상당하게 감소되어 10~20년후에는 후원숲에서 진달래꽃을 거의 볼 수 없을 것이다. 진달래는 숲이 우거질수록 세력이 감소되는 수종이다.

1990~2006년까지 고정조사구를 관리. 느티나무 치수가 자라기 시작한다(13.06.08

이 항목 소개사항은 고정조사구내로 한정. 빈 공간에 일본목련이 자라기 시작(13.06.08)

살아남은 졸참나무 거목의 줄기가 3개로 갈라져 있다(13.06.08)

크지도 않은 신갈나무에 맹아가 자라났다(13.06.08)

나무 벨때 나온 톱밥이 많게 쌓였다(13.06.08)

조사구내 때죽나무가 아교목층을 형성하고 있다(13.06.08)

조사구내에 살고 있는 산딸나무 꽃이 활짝 피었다(13.06.07)

당단풍나무 어린나무(13.06.08)

어린 단풍나무가 넓게 자리를 차지하고 있다(13.06.08)

단풍나무 줄기에서 자라난 맹아가 대단하다(13.06.08)

다행히도 이곳 참나무들은 시들음병 피해를 입지 않았다(13.06.08)

팥배나무 어린 나무가 자라고 있다(13.06.08)

어린 칡덩굴. 이 어린 나무가 2019년 현재 문제가 없어 다행(13.06.07)

졸참나무 거목 줄기애 시들음병 예방 비닐 막이 감싸고 있다(13.06.08)

회화나무 어린 나무(13.06.08)

조사구내 소나무가 자리하고 있어 반가웠다(13.06.08)

조사구내 식재된 어린 소나무. 우듬지가 정상이고 잘 자라고 있었다(13.06.08)

참나무를 베어낸 공간에 귀화식물이 선점할까 걱정스럽다(13.06.08)

고정 조사구 지역내 신갈나무 고사목이 베어지고, 자라나온 맹아까지 고사(13.06.08)

단풍나무, 팥배나무 어린 나무가 아교목층에서 자라고 있다(13.06.08)

조사구내 대형 벚나무(13.06.08)

때죽나무 줄기와 맹아(13.06.08)

어린 팥배나무(13.06.08)

참나무 벌채후 빈 공간을 어느 나무가 채울까 (13.06.08)

굴참나무 수피(13.06.08)

누운잣나무가 온갖 먼지를 뒤집어 썼다(13.06.08)

벚나무 죽은 굵은 가지가 쓰러져 있다(13.06.08)

귀화식물인 가중나무가 자리하고 있다. 걱정스러운 일이 발생하였다(13.06.08)

조사구내 거목 느티나무 두 주(13.06.08)

조사지역이 건조한지라 이끼가 전혀 자라지 못한다(13.06.08)

벚나무 맹아가 자라나고 있다. 모수에 변고가 생기지 않길 빌 뿐이다(13.06.08)

어린 감나무(13.06.08)

어린 음나무(13.06.08)

능허정(凌虛亭)은 깊은 산속으로 사람이 드문 지역, 고사된 참나무 벌목으로 길이 생김(13.06.08)

누리장나무 무리. 자기들 끼리 모여 사는 성질이 커서 다른 식물에에 영향을 준다(13.06.08)

죽은 벚나무 줄기가 쓰러지면서 뻐개졌다(13.06.08)

남산제비꽃(13.06.08)

콩제비꽃(13.06.08)

습한 지역에 형성된 고마리 군락지(13.06.08)

베어진 졸참나무 벌근목에 버섯이 자라나기 시작. 버섯은 분해자로 나무등걸이 썩기 시작한 것(13.06.08)

갈참나무 2주가 죽은 채 서 있다 (13.06.08)

졸참나무 줄기에 번호가 쓰여져 있다. 무슨 일이까 (13.06.08)

철쭉 어린나무(13.06.08)

참나무시들음병으로 희생된 여러 종류의 참나무들이 베어졌다(13.06.08)

벤 참나무들로 장작더미가 형성되었다. 얼마나 많은 나무들이 희생된 것일까(13.06.08)

고사된 거목의 밤나무. 후원에서 환경오염으로 대체로 초기에 밤나무가 희생됨(13.06.08)

죽은 밤나무가 서 있다(13.06.08)

후원에서 그리 흔하지 않은 청솔모가 나무가지에 앉아 있다(19.04.25)

(4) 참나무숲 구조

교목층 수종이 50년이상 자라게 되면 교목층 수종과 공생이 가능한 수종들이 아교목층과 관목층에 자리를 잡게 되고, 맞지 않는 종은 도태된다. 교목층에서 배출되는 물질(피톤치드)로 토양이 변해 가는데 이에 적응된 수종들이 큰 나무밑에 자리하게 된다.

군집구조 조사에서 졸참-신갈나무군집(조사구 29)와 갈참-물푸레나무군집(조사구 39) 조사내용을 예로 들어본다. 조사구 29는 능허정 남서쪽 숲이고, 조사구 39는 느티나무 대경목숲 남쪽에 위치한다.

졸참-신갈나무군집에서 교목층 상대우점치는 졸참나무 62.2%, 신갈나무 12.9%, 산벚나무 12.5%, 갈참나무 8.5%, 당단풍 8.5%이었다. 졸참나무에 세력이 집중되었고 단풍나무가 교목층에 신고할 정도로 자랐다. 아교목층에서 두드러진 종은 팥배나무로 19.9%이었고, 관목층에서 당단풍나무가 8.3%이었다.

갈참-물푸레나무 군집구조의 상대우점치는 교목층에서 갈참나무 39.1%, 물푸레나무 22.0%, 상수리나무 20.7%, 음나무 9.6%, 산벚나무 8.6%로서 갈참나무와 물푸레나무 세력이 우세한데 토양이 습한 곳에서 자라는 수종들이다. 다만 토양중 좋아하는 영양물질이 달라 함께 살 수 있는 것이다. 아교목층에서 때죽나무 27.7%, 물푸레나무 23.5%, 느티나무 19.2%, 단풍나무류 14.9%, 관목층에서는 단풍나무류가 19.4%로서 관목층 수종중 값이 가장 컸다.

물푸레나무가 아교목층에서 왕성하게 자라고 있어 앞으로 관찰대상 수종이다. 2019년 4월 답사시 취규정 길에서 능허정으로 드는 길섶에 졸참나무, 굴참나무 2~3년생의 어린 나무 여러주가 자라고 있어 정말 고마웠다.

중경목의 졸참나무 군락 (91.02.11)

졸참나무 2주가 함께하고 있다 (95.05.18)

대경목 벚나무가 졸참나무 형채를 가리고 있다 (95.05.18)

겨울에는 참나무 아교목층과 관목층 나무가 민낯을 보여주는 시기 (01.02.27)

참나무숲으로 교목층과 아교목층을 참나무들이 거의 장악하였다 (01.02.27)

졸참나무숲 아교목층에 졸참나무, 팥배나무 등이 자라고 있었다(01.02.27)

갈참나무숲 속에 소나무가 지지대에 의지하여 힘겹게 살고 있었다(08.05.26)

갈참나무 숲속 아교목층 식생이 건전하게 살고 있었다(10.04.23)

참나무숲의 정상적인 아교목층과 관목층 식생(11.04.23)

잎이 일찍 핀 신갈나무와 잎이 늦게 피는 참나무종류가 만들어 낸 그림(11.04.23)

잎이 덜 핀 참나무종류 10여주가 모여 숲의 미래를 논의 중(11.04.23)

건물 뒷배경을 담당한 상수리나무들 늦봄 모습(13.04.26)

담장과 석축 길을 참나무들이 하늘을 장식하고 있다(13.04.26)

장령급의 참나무들이 평화롭게 늦봄 풍광을 연출하고 있다(13.04.26)

졸참나무잎들이 늦봄에 기지개를 피고 있다(13.04.26)

하늘에 만들어진 호수(13.04.26)

녹음이 무성한 참나무숲(13.05.18)

상수리나무숲(13.05.18)

건축물 배경이 되고 있는 단풍든 상수리나무들과 회화나무(14.11.13)

주합루 동편 상수리나무 동네(14.11.13)

교목층 굴참나무와 관목층 단풍나무가 단풍색갈 차이를 잘 드러내고 있다(14.11.13)

신갈나무(왼쪽)와 졸참나무(오른쪽)는 잎 피는 시기가 차이가 있다(19.04.25)

신갈나무, 졸참나무, 소나무숲(19.04.25)

졸참나무 두주가 하나의 수관을 만들었다(19.04.25)

갈참나무, 느티나무, 귀룽나무, 철쭉꽃과 길이 만든 늦봄풍경(19.04.25)

도토리가 자연 발아되어 생장한 상수리나무 묘목(13.05.18)

갈참나무의 차세대(19.04.25)

굴참나무의 어린세대(19.04.25)

갈참나무의 어린나무들. 후원숲을 이끌 나무들 일것이다. 후원의 미래는 참나무숲의 지속일게다(19.04.25)

졸참나무의 어린나무들(19.04.25)

(5) 참나무 시들음병

참나무시들음병은 참나무풍뎅이가 참나무 줄기를 뚫고 들어가면 풍뎅이 배관란에서 공생균이 나온다. 이 균이 도관부를 막아 물의 이동이 불가능해져 가지끝 잎이 말라죽는 현상이다. 풍뎅이가 참나무 줄기를 뚫지 못하도록 줄기 일정 높이까지 비닐을 감싸는 일을 하게 된다.

후원숲에서 예방조치로 참나무 줄기를 감싸는 작업이 2011년 11월 답사시에 많은 나무에 행하여진 것을 볼 수 있었다. 2013년 답사시는 서 있는채로 죽은 나무도 보였고, 죽은 여러 나무가 벌채되어 토막으로 만들어 장작더미로 쌓여 있었다. 보고 있는 것만도 감내하기 어려웠다.

서울 남산도 이때에 6천 7백주의 참나무가 베어져 장작더미가 만들어져 있었다. 베어진 그루터기에는 농약을 살포하고 비닐을 씌워 놓아 병균 이동을 막는 방법을 택하였다. 후원숲은 이후 이 병이 사그러져 방어막을 두른 나무가 거의 사라졌다. 그러나 2019년 답사를 할 때 대경목에 붙여 놓은 팻말을 볼 수 있었다. 내용인즉, 2018년 참나무시들음병 방제사업으로 농약을 3회 처리하였다는 내용이었다. 시들음병이 아직 깨끗하게 물러나간 것이 아니었다.

거목의 참나무들을 베어내면 빈 자리를 먼저 찾는 것이 귀화식물들이다.

2013년 후원 참나무 벌채장소에서 볼 수 있었던 식물은 오동나무, 가중나무, 서양등골나물, 미국자리공, 환삼덩굴 등이었다. 아울러 후원에서 볼 수 있는 누리장나무, 팥배나무, 단풍나무, 주름조개풀 등이 많이 관찰되었다. 특히 가중나무, 오동나무 등이 집단을 이루고 있었다. 관리소 직원들의 부지런한 관리로 이들 집단을 볼 수 없어 얼마나 다행인지 모르겠다. 감사하고 고마운 일이다.

갑자기 숲의 구조가 바뀌면 불모지 환경에 적응이 빠른 귀화식물이 집단으로 자랄 가능성이 있어 계속적으로 살펴 보는 것이 중요하다.

참나무시들음병 매개곤충 침입을 막기위한 비닐막 (11.11.11)

비닐막이 자연경관에 걸맞지 아니함에 대한 양해를 구하는 안내문(11.12.21)

검은 비닐막이 미관상 좋지 않아 부직포를 위에 덮었다(11.12.21)

검은 예방 비닐막을 두룬 참나무들(11.12.21)

참나무시들음병으로 작년에 고사한 거목의 갈참나무. 겨울동안 죽은 잎이 떨어지지 않는다(13.04.18)

담장밖 상수리나무들중 왼쪽나무가 고사되어 잎이 붙어 있다(13.04.18))

고사한 졸참나무가 누런 잎을 달고 있다(13.09.01)

고사한 졸참나무잎이 살아있는 나무들 초록 잎과 대조를 이룬다(13.09.01)

숲이 건조해지는 등 환경상태가 나빠지면 범람해지는 식물종의 하나인 누리장나무(13.09.01)

오동나무. 후원에 자생하는 나무가 아닌지라 귀화종으로 취급. (13.09.01)

음나무 꽃이 활짝피었다 (13.09.01)

2013년은 후원 숲에게는 잔인한 해이었다. 키 큰 수 많은 참나무류들이 참나무시들음병으로 베어졌다(13.09.01)

베어진 나무들로 만들어진 장작더미(13.09.01)

참나무가 베어 나간 자리에 귀화식물인 가중나무와 서양등골나물이 자라나고 있다 (13.09.01)

후원 깊은 숲에 위치한 능허정 인근이 참나무시들음병 희생목이 많은 장소이었다(13.09.01)

참나무 풍뎅이가 신갈나무 줄기에 침입하였던 흔적이 남아 있다(13.09.01)

대경목의 신갈나무가 시들음병 병마에 시달리고 있다(13.09.01)

죽어가고 있는 신갈나무 줄기에 딱따구리가 집을 지었다(14.09.05)

뿌리목이 들어난 갈참나무가 시들음병 방어용 비닐을 둘러쓰고 있다 (13.09.01)

갈참나무 수피에도 참나무풍뎅이가 다녀간 모양이다(13.09.01)

참나무 풍뎅이를 잡으려 끈끈이 비닐을 설치 했더니 여러 종류 곤충의 죽음장소가 되는 부작용 발생(14.09.05)

죽은 벚나무 줄기가 넘어져 있다(14.09.05)

참나무가 베어나간 자리에 여유가 생기자 때죽나무가 잘 자라고 있다 (14.09.05)

서서히 죽어가는 고목의 몸에 커다란 버섯이 자라고 있다. 자연의 이치라는데 안스럽다(14.09.05)

죽은 갈참나무가 껍질인 옷을 벗었다(14.09.05)

죽은 졸참나무 가지들이 흙으로 돌아가고 있다 (14.09.05)

죽은 졸참나무 모습(14.09.05)

죽은 신갈나무가 죽은 잎을 보내지 못하고 9월에도 달고 있다(14.09.05)

죽어가고 있는 졸참나무 줄기에 버섯들이 자란지가 오래 되었다(14.09.05)

죽어가는 밤나무에서 맹아가 자라나고 있다. 질긴 생명이다(14.09.05)

후원에 자리잡은 환삼덩굴군락(14.09.05)

환삼덩굴 덩굴(14.09.05)

죽은 졸참나무 줄기 (19.04.25)

2018년에도 참나무 시들음병 방제가 이루어 지고있다는 표시판(19.04.25)

(6) 참나무숲내 고사목

사진을 촬영하기 시작한 1993년부터 시들음병 발병이전까지도 죽은 나무들을 흔하게 볼 수 있었다. 원인은 토양 산성화로서 일부 양이온 물질이 빠져나가 영양분 부족으로 죽기도 하고, 수명이 다해 죽는 나무도 있었을 것이다.

우리나라에서 교목층 나무들은 평균적으로 150~200년, 아교목층 수종은 약 50년, 관목층 수종은 20~30년의 수명을 갖고 있다. 토양이 산성화 되고, 오염되면 이런 수명주기가 빨라진다. 사진에 의하면 1993년 이전에 석회비료를 산포하여 산성토양을 중화시키려는 노력이 있었다.

후원에서 1990년대에 많이 죽은 나무들은 산벚나무, 밤나무 등이었다. 2010년대 이후 참나무들 고사목이 흔하게 발견되었다. 그리고 참나무시들음병으로 죽은 나무들은 말라 죽은 잎들이 쉽게 떨어지지 않아 봄, 여름에도 죽은 잎이 붙어 있어 쉽게 발견되었다.

칼슘, 마그네슘이 포함된 복합비료 자루. 이미 1990년대 초에 토양산성화로 이런 비료가 산포됨 (93.04.15)

밤나무 고사목. 후원 토양환경 변화로 밤나무가 초기 피해 수목중 하나이었음(93.7.17)

졸참나무 고사목(98.10.20)

벚나무 고사목(06.11.17)

밤나무 고사목(06.10.15)

토양 침식으로 느티나무 뿌리가 드러났다(06.10.15)

졸참나무 고사목(06.11.17)

베어진 졸참나무 고사목(06.11.17)

밤나무 고사목(06.11.17)

갈참나무 고사목(06.11.17)

밤나무 고사목. 밤나무는 몸에 탄닌 성분이 많아 고사목이 분해되기까지 시간이 걸림(06.11.17)

죽은 나무들 가지 더미(06.11.17)

밤나무 고사목(06.11.17)

밤나무 고사목(09.11.17)

졸참나무 고사목(06.11.17)

밤나무 고사목(06.11.17)

갈참나무 고사목. 죽은 잎이 달려 있는 것으로 보아 참나무시들음병이 원인이다(10.04.23)

고사된 참나무를 벌채하여 농약으로 훈증처리한뒤 비닐로 덮었다(11.11.11)

벚나무들이 쇠퇴하면 맹아가 발생(11.11.11)

참나무 시들음병에 의한 졸참나무 고사목(12.11.16)

시들음병에 의해 고사된 졸참나무(12.11.16)

신갈나무의 시들음병에 의한 고사목(12.11.16)

갈참나무 고사목(12.11.16)

참나무시들음병으로 고사, 벌채된 나무들(12.11.16)

졸참나무 고사목(12.11.16)

왼쪽 고사 상태의 신갈나무 잎이 돋아나고 있다(13.04.26)

고사되어 부러진 줄기. 밤나무(13.04.26)

고사된 갈참나무(13.05.18)

고사된 밤나무 거목(13.05.18)

고사된 갈참나무 줄기를 높은 위치에서 베어 냈다(13.05.18)

베어낸 갈참나무 그루터기. 대단한 크기이다(14.09.05)

대형목 졸참나무 왼쪽 부분이 고사되고 있다(14.09.05)

(7) 참나무숲에 출현하는 나무

참나무숲에서 많이 볼 수 있는 단풍나무, 음나무, 산벚나무 등은 앞에서 다루었다. 그리고 아교목층과 관목층에서 출현빈도가 높은 수종, 종자에서 발아된 어린나무 등의 27종의 사진을 택하였다.

이들중 특이한 식물은 신이대군락이었다. 신이대는 남쪽 식물로 과거에는 서울에서 월동이 불가능하였지만, 요즈음은 월동이 잘 된다. 신이대는 땅속줄기가 잘 뻗어 나가는데, 촘촘한 마디마다 새싹이 나와 일년만에 작년에 자란 나무들과 키가 같아진다. 키가 일년만에 다 자라는 것이다.

2019년 5월 지리산국립공원 화엄사 입구 다리에서 시작되는 서어나무골 탐방로를 15년만에 다시 걸었다. 15년전에 탐방로 양옆에 존재하던 신이대 집단이 얼마나 자랐는가를 보고 싶었다. 이번 답사에서 놀란 것은 탐방로 좌우숲을 신이대군락이 완전하게 점령한 것이다. 앞으로 화엄사계곡 어디까지 신이대가 숲을 점령할 것인지에 대한 우려가 된다. 신이대가 밀림을 형성하면 다른 식물 생육이 어려워져 생물다양성이 낮은 숲을 형성, 자연파괴 현상이 발생된다.

후원숲에서 목련 종자에서 발생된 어린나무가 자라고 있는 점이 특이하였다. 남산에서는 곳곳에 일본목련(일명 후박나무)이 쉽게 발견되었다. 후원숲에서 외래종이 사는 것은 가능한 막아야할 것이다.

팥배나무 대경목. 최소한 40년 이상이 됨(06.11.17)

팥배나무 가을 단풍은 누런색(06.11.17)

중경목의 팥배나무가 여러 주 모여 살고 있다(06.11.17)

단풍든 누런 팥배나무 잎. 산성토양지역에 많이 분포하며, 서울 남산에 비해 후원은 많지 않다(12.11.16)

팥배나무 꽃과 잎. 장미과 꽃잎은 5장, 잎맥이 뚜렷하고, 정렬되어 있음(13.05.17)

팥배나무 꽃봉오리. 아직 개화가 되지 않았다(19.04.25)

아교목층에서의 때죽나무 집단. 산성토양에 경쟁력 있는 수종이다(01.05.14)

때죽나무 꽃. 작은 종모양임(01.05.24)

관목층에 여러 주의 때죽나무가 자라고 있음(06.08.20)

관목층에 모여 살고 있는 때죽나무(06.11.17)

때죽나무 맹아들(13.05.17

때죽나무 사촌인 쪽동백나무 꽃(13.05.20)

아교목과 관목층에 자리잡은 때죽나무 집단(19.04.25)

관목층에서의 때죽나무 수형(19.04.25)

두릅나무. 줄기에 가시가 많고, 복엽으로 새순은 식용으로 이용(93.07.17)

두릅나무 줄기 가시로 자기 몸을 보호함(19.04.25)

어린 회화나무. 외래종이지만 쉽게 퍼져 나간다(06.11.17)

이렇게 큰 회화나무가 숲 가까이에 있으니 숲으로 종자가 날라드는 일은 쉬운 일이다(13.05.17)

중형 회화나무. 봄잎은 초기에 흰색을 띤다(19.04.25)

어린 회화나무. 어린잎은 봄에 잠시 흰색. 작은 줄기는 초록색에 반점이 있음(19.04.25)

철쭉인데 보통 잎과 꽃이 나오는데 이나무는 꽃만 보임(13.04.26)

잎과 꽃이 함께 핀 철쭉(19.04.25)

관상용으로 식재된 외래종 철쭉(19.04.25)

흰철쭉꽃니무(19.04.25)

딱총나무 잎과 열매. 잎은 복엽(13.05.17)

딱총나무 잎과 열매(19.04.25)

쉬나무 줄기. 피목(반점)이 불규칙하게 줄기에 퍼져 있다. 중국이 원산인 외래종(13.05.17)

쉬나무 잎은 복엽으로 하나의 잎이 7~11개의 소엽으로 구성(13.05.17)

함박꽃나무. 꽃이 5월말 이후에 피기에 아직 꽃봉오리가 작다. 꽃은 잎이 자란 다음 핀다(13.05.18)

함박꽃나무는 우리 자생 목련이다. 산목련이라고도 한다(19.04.25)

은행나무 종자가 자연발아가 되었다. 흔하지 않은 일로 후원에 도움이 될까, 성가신 존재가 될까(13.05.20)

어린 은행나무. 중국이 원산으로 자연 발아가 되니 이민 2세대인 셈이다(13.06.07)

느릅나무 일종인 왕느릅나무(13.05.18)

어린 느릅나무(19.04.25)

까치박달나무 잎과 열매. 열매가 층층히 포개져 있다(13.05.20)

생강나무잎. 잎을 비비면 생강냄새가 나고, 꽃은 이른 봄에 잎보다 먼저 노랗게 핀다(13.05.18)

생강나무 단풍은 갈색으로 곱다. 검은 열매에서 기름을 짜서 사용. 동백기름이라고 하였다(14.11.13)

산딸나무와 꽃. 잎맥이 나란히 맥으로 4~5쌍. 꽃잎은 4장이 특징(13.05.18)

누리장나무. 땅이 척박해지고 산성화되면 무더기로 자란다(12.11.16)

누리장나무 꽃에서 누린내가 나기에 누리장나무라고 하였다 함(14.09.05)

땅비싸리(13.06.09)

부용지 남동쪽 숲에 여러주 주목이 심겨져 있음(99.11.19)

옥류천 입구의 고목 주목(13.05.18)

겨울에 주목은 존재감이 활엽수보다 크게 돋보인다(11.12.21)

눈주목이 소나무들과 함께 자라고 있다 (13.05.18)

숲속의 눈주목이 살아 남을 수 있을까(19.04.25)

숲속 눈주목이 싱싱하게 잘 자란다(19.04.25)

능허정에 이르는 길 양편에 눈주목이 식재되어 있다(19.04.25)

숲속에 눈향나무가 자라고 있다 (19.04.25)

덜꿩나무 흰꽃. 이나무는 후원 자생종(19.04.25)

덜꿩나무 꽃은 여러개의 꽃이 모여 우산형을 이루고 열매는 붉은색 (19.04.25)

후원 한 구석에 신이대의 영토가 점점 커지고 있다 (19.04.25)

신이대 생육 면적이 점점 커지면 그 숲은 신이대 세상이 되어 관리할 방법이 없다. 화엄사 계곡(19.07.15)

지리산 화엄사 계곡으로 30년만에 활엽수숲이 신이대 숲으로 변했다(19.07.15)

화살나무 잎과 꽃봉오리(19.04.25)

화살나무 새가지에 날개가 내려 앉았다. 화살같다 하여 화살나무 이름이 붙여진 것(19.04.25)

조록싸리(19.04.25)

대경목의 회양목(19.04.25)

병꽃나무 꽃이 활짝 피었다 (19.04.25)

후원숲 속에 어린 목련이 자라고 있다(08.05.26)

목련이 크게 자랐다(13.05.17)

목련 맹아(13.05.18)

11. 초본식물

초본식물 출현 및 생장은 흙에 들어 있는 수분과 매우 깊은 관계가 있다. 사실 북악산이 주산인 삼각산과 지맥이 연결되고, 내사산이 연결되었던 시대에는 후원과 종묘숲은 물에 대한 걱정이 없었다.

서울 도심이 과밀화되면서 창덕궁과 종묘에 비가 제법 내리면 남쪽 지하철, 도로, 건축물이 침수된다고 물길을 더 깊게 파고, 직선화시켰다. 물이 후원과 종묘숲에서 머물지 못하게 하여 왔다. 이런 일이 30여년 계속 실행되면서 후원이 계속 건조해져 자생하던 초본식물이 점점 사라지고 있다.

2008년 6월 자생초본식물 분포를 조사하였다. 물봉선군락이 3개소, 총면적 854㎡, 물봉선-고마리군락 1개소, 228㎡, 애기나리군락 5개소, 423㎡, 둥굴레 3개소, 368㎡로 총 12개소, 1,873㎡에 지생초본식물 4개 그룹이 자라고 있었다.

물봉선과 고마리는 호습성식물로 토양에 수분 함량이 높아야 한다. 현재 물봉선은 옥류천 남쪽 산자락에 일부 몇 개체가 남아 있다. 2013년 이후 필자가 모니터링을 하지 못했지만, 2019년 4월 관찰시 자생초본식물 면적이 많이 줄어 들었음을 알 수 있었다.

그래도 2019년 답사시 능허정 인근, 옥류천 산자락에서 제비꽃 종류와 관중을 볼 수 있었다. 계속 관심을 갖고 모니터링을 해야할 것이다.

애기똥풀 군락(01.05.14)

남산제비꽃(01.05.14)

고마리군락(01.05.14)

관중(01.05.04)

군락이 와해되고 있는 물봉선(06.10.15)

남산제비꽃(08.05.26)

고사리군락(08.05.26)

물봉선군락(08.05.26)

은방울꽃(08.05.26)

중부지방 자생식물인 처녀치마. 습한 지역에 자란다 (13.05.18)

은방울꽃(13.05.18)

붉은꽃물봉선(14.09.05)

애기나리(19.04.25)

흰제비꽃(19.04.25)

콩제비꽃(19.04.25)

관중(19.04.25)

12. 귀화식물

자생초본식물이 사라지면 귀화식물이 자리를 메꾼다. 1999년에 망초와 개망초 군락이 넓은 면적을 차지하고 있었는데 이제는 볼 수가 없다. 이후 서양등골나물, 가중나무, 오동나무, 미국자리공, 환삼덩굴이 넓게 자라고 있었다. 서양등골나물은 아직도 숲 곳곳에 자라고 있었다.

2008년 6월 귀화식물이 면적으로 생육하던 곳은 3개지역, 면적은 336㎡이었다. 식물종류는 서양등골나물, 돼지풀, 가중나무이었지만 관리팀에서 제거하여 현재는 큰 문제가 되지 않는다.

제일 걱정되었던 식물이 가중나무이었다. 2008~2014년에 걸쳐 어린 가중나무가 군락을 형성, 몇 년만 지나면 엄청나게 번져 나갈줄 알았다. 다행히도 관리팀에서 거의 제거하여 2019년 현재 큰 나무는 보이지 않는다.

현재는 사람의 눈길이 가지 않는 숲구석에 소규모 면적으로 환삼덩굴이 자라고 있어 더 확장되기전에 관리를 해야될 것 같다. 도심 한복판 숲이고, 내외 관광객이 많이 들어오기에 어떤 귀화식물이 들어올지에 대한 긴장을 계속해야할 것이다.

일본목련(95.05.18)

서양등골나물(99.11.19)

서양등골나물(01.05.10)

오동나무와 가중나무(06.08.20)

서양등골나물(06.08.20)

서양등골나물(06.10.15)

가중나무(08.05.26)

목련(08.05.26)

서양등골나물(08.05.26)

가중나무(13.05.17)

오동나무(13.05.17)

목련(13.05.17)

가중나무(13.06.07)

오동나무(13.09.01)

오동나무(14.09.05)

가중나무(14.09.05)

가중나무(14.09.05)

미국자리공(14.09.05)

환삼덩굴(14.09.05)

환삼덩굴 잎과 열매(14.09.05)

환삼덩굴(14.09.05)

회화나무와 누리장나무(14.09.05)

제2부

창덕궁숲

제2부
창경궁숲

창경궁의 역사는 현장 해설판과 발행된 해설지 설명을 인용한다. 창경궁 조성의 역사는 1483년(성종 14년)에 웃 어른을 모시기 위해 시작된다고 한다. 그후 1830년의 대화재 이전까지 많은 건축물이 들어서 궁궐 여성들의 처소로 사용되었다 한다. 앞서의 화재와 일제강점기에 많은 건물이 훼손되었고, 일제는 1911년에 창경원으로 격하시켰다.

창경원에 동,식물원을 설치하고 많은 벚나무를 식재하였다. 1969년에 필자는 친구들과 창경원을 찾아 동물원에서 구경을 하고 야간 벚꽃놀이까지 경험한 기억을 하고 있다. 1983년 창경궁으로 복원하고 동물원을 과천 서울대공원으로 옮겼으며, 많은 나무를 심고 복원하여 오늘날에 이른 것으로 설명문에서 이야기하고 있다.

창경궁의 주 건물인 명정전이 남향이 아닌, 동향을 하고 있는 것은 지형에 따라 건축하였기 때문이라 한다. 명정전 남쪽 지역은 여러 수종의 대경목과 소나무 위주의 식재지역이다. 북쪽은 역시 많은 대경목과 1983년이후에 식재한 수목으로 이루어진 숲이다.

1. 남쪽 대경목 생육지역

1820년대에 그려진 동궐도에 의하면 대경목의 소나무들이 많이 그려져 있었는데 별로 남아 있지 않다. 1983년 이후에 식재되었을 소나무들이 집단을 이루고 있다. 소나무 집단을 외부에서 보면 큰 문제가 없다. 그러나 내부적으로 보면 소나무들이 줄기가 굽었거나, 기우러졌다. 그리고 우듬지가 일찍 없어져, 나무 키가 짧고, 줄기 윗부분에서 갈라졌으며, 수관내부 가지가 심하게 구부러졌고, 수관폭이 넓다. 그렇지만 외부 전체로 보면 그다지 나쁘지만은 않다.

건물군 남쪽 작은 언덕에 제 몸 가누기 어려운 고목 주목이 서 있다. 나이가 많아 줄기 내부가 많이 손상되었고 비었다. 일부 줄기에 형성층이 붙어 있어 간신이 살아가고 있다.

느티나무 대경목, 2백년 이상되었다는 향나무, 50년 이상은 된 능수버들 여러 주가 서 있다. 여러 주 고목의 능수버들이 자라고 있는 것으로 보아 과거 남동쪽은 습하였던 모양이다. 오래된 회화나무 줄기가 밑에서부터 둘로 갈리져 서로 마주한 모습도 신기하다.

그리고 명정전에서 내려온 남쪽 담장앞 개천옆에 자라는 회화나무 두 주 줄기가 심하게 굽었고 서로 의지하고 있다. 설명문에는 사도세자의 비명소리를 듣고, 줄기가 비틀어지고 속이 비었다는 전설을 전한다.

창경궁 인정전이 동향을 하고 있다. 건축물 남쪽은 대경목 생육지역, 북쪽은 숲지역으로 표현하였다(07.11.14)

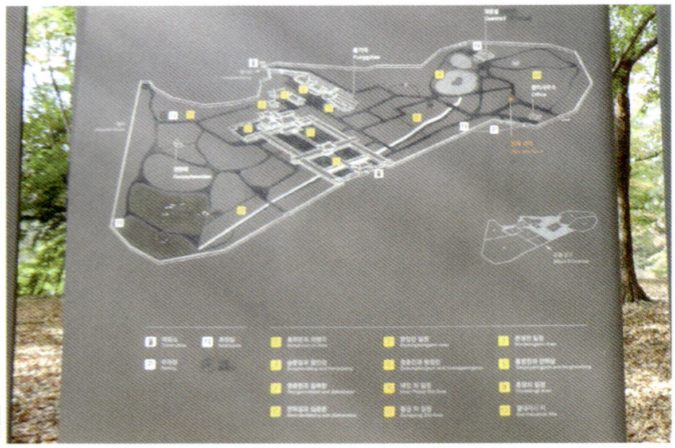

새로운 안내도. 중앙 건물지역이 남과 북을 가른다(19.10.27)

대궐 북쪽에 있던 내전의 건물이 1830년대 화재, 일제시대에 사라지고 숲이 조성되었다고 함(19.10.27)

1820년대에 제작된 동궐도가 공사 현장 가림막에 그려져 있었다. 후원은 창덕궁과 창경궁에서 함께 사용(07.11.14)

동궐도를 부분적으로 확대한 그림으로 적송을 잘 표현. 줄기가 갈라진 나무들도 있지만 줄기가 곧고, 붉은색(07.11.14)

음나무잎 표현이 사실적이다(07.11.14)

고령목 주목의 줄기 하나가 몹시 굽었다. 수관부 가지가 많이 짤려 잎이 얼마 남지 않았다(07.11.14)

고령의 주목 줄기 하나는 보이지 않음. 남은 줄기는 밑둥이 썩어 속이 비었다(19.10.27)

2백년 이상된 향나무도 줄기에 외과수술을 받아 간신히 살아가고 있다(19.10.27)

화계에 식재된 잣나무와 이대만이 늦가을까지 잎이 파랐다(99.11.23)

가을 화계. 상부에는 소나무, 중간에 관목이 심겨져 있다(07.11.14)

대경목 느티나무가 다른 나무들을 압도하고 있다 (09.07.31)

소나무숲 하부에 조릿대 종류가 식재되었음(07.11.14)

대경목의 느티나무(좌)와 향나무(07.11.14)

남쪽 지역에 집단으로 식재된 소나무들. 수형이 쟁반형 (07.11.14)

우듬지가 일찍 없어져 가지가 제멋대로 자랐다 (19.10.27)

이런 소나무들이 창경궁에서 탐방객을 맞이하고 있는데, 옳은 일은 아닌것 같다(19.10.27)

노목의 느티나무. 이미 줄기끝이 짤렸다(99.11.23)

노목의 느티나무의 오른쪽 줄기가 짤려 수형이 비정상적이다(07.11.14)

대경목 느티나무 집단 생육지. 자연상태에서는 몰려 살지 않기에 나무마다 넓은 영역이 필요(19.10.27)

남쪽 지역에서 살고 있는 회화나무. 건전한 상태(99.11.23)

2014년의 대경목 회화나무 전경. 건전한 상태(14.11.08))

줄기가 갈라진 것이 분명하게 드러나 있고, 줄기가 짤렸다(19.10.27)

현장 설명으로는 회화나무 두 주가 서로 비틀려 있는데, 사도세자의 비명을 듣고 줄기가 뒤틀렸다 함(19.10.27)

줄기가 둘로 갈라지면서 가운데에 철심을 양쪽에 박아 놓은 상태(19.10.27)

마가목의 가을 단풍(14.11.08)

노목 버드나무가 쓰러지지 않고 줄기를 다시 곧게 세우고 자란다(14.11.08)

노목의 능수버드나무 몸집이 대단하다(19.10.27)

노목 능수버드나무 줄기. 개천 인근에 버드나무들이 많은 것으로 보아 이 지역은 습한 지역이었다(19.10.27)

새로 식재되어 있는 소나무들. 소나무숲으로 만들어 가는 것이 맞는 것인지 생각해 볼 문제(14.11.08)

팥배나무 열매가 많이도 달렸다(19.10.27)

산사나무도 많은 붉은 열매가 달렸다(19.10.27)

산사나무 열매(19.10.27)

참빗살나무 단풍(19.10.27)

대경목 은행나무 수형이 대단하다(19.10.27)

물이 잘 빠지게 되어 있어 창경궁 식물 생육지가 건조해지고 있다 (19.10.27)

2. 북쪽 숲지역

넓은 숲이 1983년이후에 조성된 것 같다. 이 지역에 일제 강점기 이전부터 살아온 대경목들도 이 숲에 곳곳에 남아있다.

느티나무 대경목들이 개천을 따라 살고 있다. 숲속에서 자라고 있는 대경목을 살펴본다. 소나무, 느릅나무, 살구나무, 백송 3주, 3백년생 느티나무, 굴참나무, 모과나무 등을 볼 수가 있다. 2007년 11월에는 담장쪽에 여러주의 메타세콰이아와 버즘나무가 보였는데. 2019년도에는 볼 수가 없다. 그리고 2007년 당시에는 칠엽수도 볼 수 있었는데, 지금은 없어진 것 같다.

2007년 11월에 춘당지내에 많은 원앙새들이 있어 신기하기도 하고 놀라웠다. 2019년에는 볼 수가 없었다.

북쪽 숲 한가운데 유리 온실이 잘 보전되어 있다. 일본인이 1875년 토쿄(東京) 신추쿠교엔(新宿御苑)에 온실을 짓고, 그대로 1909년에 창경궁에 지었다고 한다. 토쿄 온실은 2012년에 현대식으로 개조하여 원형이 사라졌다. 현장 설명문에 의하면 1909년 11월에 준공한 온실면적은 534㎡, 높이가 10.5m라고 한다. 한때는 보유식물이 1,400종, 18,000분이었는데, 1983년에 외국식물 733종을 과천 서울대공원으로 보냈다고 한다.

현재는 천연기념물로 지정된 후손 수종과 자생식물이 전시되어 뜻 깊은 테마온실로 발전하였다. 외부에 조성한 자생식물 화단에는 중부지방 자생식물 225종 600여 포기가 심겨져 있어, 두 곳이 우리 자생식물을 보전하고 있는 귀중한 장소이다. 문화재청이 우리 전통식물을 잘 보전하고 있어 소중한 곳으로, 자연을 좋아하는 사람들에게 많은 사랑을 받고 있을 것이다.

귀룽나무의 맹아가 많이 발생되었다(07.11.14)

소나무숲 하부에 칡이 무성하게 자라고 있었다 (07.11.14)

줄기가 굽은 소나무가 많다(14.11.08)

우듬지가 없어지면 이렇게 많은 가지들이 자랄 수도 있다 (19.10.27)

노목의 소나무 뿌리가 숨을 쉴 수나 있을런지(19.10.27)

1999년도 11월 춘당지 숲. 소나무는 별로 없고 낙엽활엽수가 많았다(99.11.23)

단풍나무 옷이 다른 나무보다 유난이 붉다(07.11.14)

원앙이가 한두마리가 아니고 수십 마리다(07.11.14)

춘당지 섬내의 소나무와 단풍나무(07.11.14)

춘당지 단풍이 서서히 물들기 시작한다(19.10.27)

능수버드나무들의 위용(19.10.27)

탐방로 숲가에 단풍나무들이 가을 옷을 입었다(07.11.14)

붉은 단풍잎이 눈이 부시도록 곱기도하다(07.11.14)

주홍색에 가까운 단풍잎도 있다(07.11.14)

여러 색갈을 뽐내는 단풍나무들(07.11.14)

집단 식재지의 여름철 단풍나무들(19.10.27)

아기단풍으로 이제 창덕궁숲에서 자생적으로 발생하기 시작했다(19.10.27)

팥배나무 단풍도 색갈이 곱다(19.10.27)

백송 세 주가 자라고 있다(07.11.14)

백송의 연륜이 많이 쌓였다(19.10.27)

대경목의 향나무(19.10.27)

유난히 수피가 하얀 백송(19.10.27)

1999년도 메타세콰이아 단풍모습. 지금은 눈에 띄지 않는 것 같다(99.11.23)

2007년도에 볼 수 있었던 칠엽수의 단풍. 지금도 있는지 모르겠다(07.11.14)

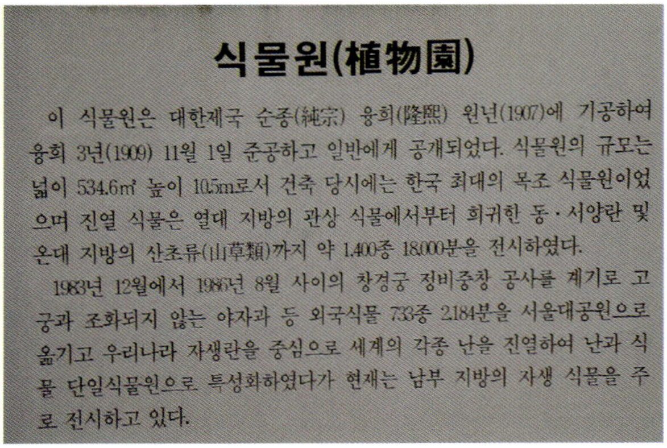

온실 설명문. 1909.11.1 준공. 초기에는 열대~온대식물 전시. 현재는 자생식물 위주임(07.11.14)

높이가 10.5m 되는 온실 겉 모습(07.11.14)

온실내 천연기념물 후계목이 많이 전시되어 의미있는 장소. 부안 호랑가시나무 천연기념물 후계목(19.10.27)

울릉도의 천연기념물 후계목들(19.10.27)

독도 식물도 전시되고 있다. 독도 땅채송화(19.10.27)

독도 섬기린초(19.10.27)

야외에 조성한 자생식물 학습장. 1999년에는 약 4백종 식물을 전시하였다고 함(99.11.23)

2019년 해설판에는 식용, 약용, 관상식물 약 2백종이 심겨 있다고 함(19.10.27)

전시된 식물들(19.10.27)

포천구절초가 꽃이 피었다(19.10.27)

생강나무의 단풍(14.11.08)

창경궁 숲속 참나무들도 참나무시들음병으로 피해를 입었다(14.11.08)

갈참나무 단풍이 곱게 들었다(14.11.08)

갈참나무가 10.5m 높이의 온실보다 훨신 높게 자랐다(19.10.27)

세 주의 대경목 굴참나무(19.10.27)

졸참나무 대형목 고사목(19.10.27)

은행나무(좌)와 갈참나무의 단풍 모습(14.11.08)

단풍나무(좌)와 느티나무의 단풍 모습(14.11.08)

고욤나무 대경목 줄기. 고욤나무 대경목은 보기 드물다(19.10.27)

남부지방 탱자나무가 잘 자라고 있어 서울에서 월동이 가능하다(14.11.08)

다래나무를 시렁 위로 올렸다(14.11.08)

회화나무를 느티나무가 줄기를 감쌌다(19.10.27)

3백년생 느티나무 위용(19.10.27)

느티나무 대경목 집단(19.10.27)

삼백년생 느티나무 줄기에서 위엄을 느낄 수 있었다(19.10.27)

벚나무 대형목 줄기. 여러 나무의 대경목 줄기를 볼 수 있어 수종 특징의 좋은 공부(19.10.27)

능수버드나무의 승무(19.10.27)

참느릅나무 대경목 줄기(19.10.27)

음나무 대경목 줄기(19.10.27)

음나무 잎이 누렇게 단풍이 들고 있다(19.10.27)

황벽나무 잎과 열매. 작은 잎 5~13개로 하나의 잎을 구성한다(19.10.27)

황벽나무 대경목 줄기(19.10.27)

흔하지 않은 말채나무 대경목 줄기. 콜크층이 형성됨(19.10.27)

물푸레나무 대경목 줄기. 나무마다 팻말을 달아 공부하기에 조금도 불편함이 없고, 다만 관찰력이 필요(19.10.27)

황매화의 잎. 잘 번져 니가기에 끊임없는 주의가 필요(19.10.27)

가중나무 어린나무와 갈참나무 어린나무가 함께 자라고 있다(19.10.27)

제3부

동구릉숲

제3부
동구릉 숲

왕릉은 풍수지리설에 의해 주산(主山)을 뒤로 하고 내맥(來脈)이 연결되는 산 중턱에 봉분이 위치한다. 좌청룡과 우백호를 이루며 남향으로 안산 (案山)이 바라 보이는 곳에 자리한다. 정자각 안쪽 동편에 비각과 수복방(守僕房), 서편에 수라간(修羅間)이 조영되어 있다.

지형상 좌청룡과 우백호가 능선을 이루면 더 없이 좋은 봉분이다. 아울러 주산에서 내맥을 품은 지형이 작은 능선이면 또한 좋은 장소의 봉분이다. 이런 것이 여의치 못할때는 낙락장송을 심어 지맥을 보강케 한다. 이런 세 지형은 능선부로서 흙이 건조하여 소나무 생장지역으로 안성맞춤이다.

만일 좌청룡, 우백호가 홍살문까지 연결되는 능선부 지형이면 소나무, 평지 지형이면 항상 습하기에 오리나무를 식재하였다. 오리나무는 습지에 살 수 있으며 줄기도 외줄기로서, 집단적으로 자랄수 있는 우리 전통수종이다. 왕릉은 소나무와 오리나무로 풍수지리설의 지맥과 연결하여 식재한 것이다.

조선왕릉은 북한 지역을 제외하고 남한에 40기가 잘 보전되어 있다. 전통문화를 담은 독특한 건축양식, 아름다운 자연, 제례가 살아있는 공간으로서 가치가 인정되어 2009년 6월 30일에 유네스코 세계유산으로 등재되었다.

동구릉 자연환경 조사결과로 2013년 5월에 현존식생도를 작성하였다. 동구릉으로 편입되어 있는 면적이 1,981,200㎡이었다. 능주변에 주로 소나무가 생육하고, 재실에서 혜릉에 이르는 길 좌우에 오리나무가 다른 나무들과 함께 사는 평지이면서 습한 지역이다. 그리고 간혹 여러 능 홍살문 안쪽에 오리나무가 자라고 있었다.

전체 부지에 소나무숲 15.3%, 오리나무숲 1.3%이었다. 전체적으로 침엽수숲 18.2%(전나무 0.1%, 잣나무 2.8%, 소나무 15.3%), 낙엽활엽수숲 65.1%(갈참나무 17.6%, 신갈나무 15.5%, 졸참나무 14.6%, 굴참나무 6.2%, 서어나무 4.5%)이었다. 외래 수종 생육지는 5.0%(아카시나무 2.6%, 리기다소나무 2.4%)이었다. 잔디식재지역은 전체 부지의 7.6%이었다.

능을 중심으로 소나무숲, 오리나무숲, 잔디공간이 공통적으로 보호되고 있고, 나머지 공간에서도 소나무숲은 보호, 식재되고 있었다. 낙엽활엽수 지역은 자연천이 발달을 유지시키고 있다. 곳곳에서 온대중부지방 천이단계에 출현하는 서어나무숲을 볼 수 있으며, 전체 부지의 4.5%가 서어나무숲으로 보호되고 있다. 능 주변의 소나무숲과 오리나무숲은 방해극상 기법으로 보호되고 있다. 그렇지만 낙엽활엽수 지역은 극상림으로의 발달을 보호하고 있다. 동구릉은 숲 관리는 자연보전 방법, 능주변은 문화적 관리 방법으로 조화를 이루고 있어 자연과 문화가 어우러진 공간이다

답사 순서는 정문 → 재실 → 오리나무숲 → 숭릉~경릉 길숲 → 경릉숲 → 경릉~건원릉 길숲 → 원릉숲 → 휘릉숲 → 건원릉숲 → 건원릉~목릉 길숲 → 목릉숲 → 건원릉~수릉 길숲 → 현릉숲 → 수릉숲 → 수릉~재실 길숲 이었다.

1, 정문~재실 길숲

주차장 매표소를 들기 전에 남측 산책로를 걸으면 우리나라 특산수종으로 생육지가 천연기념물로 지정된 미선나무들이 심어져 있다. 3월 흰 개나리꽃도 예쁘지만, 6월에 달리는 열매가 예쁜 부채 모습이다. 미선(美扇) 모습을 잘 관찰할 수 있다. 옆에는 꽃산딸나무가 독특한 꽃모양을 자랑하고 있다.

주차장 가운데쯤 서 있는 미송(美松)이 범사롭지 않다. 60~70년생 소나무가 우듬지가 살아 있고 약간 휜 줄기는 붉은 빛을 띄고 있어 적송(赤松)에 걸맞는 소나무이다.

동구릉 부지 면적이 넓어 정문 왼쪽 하천 수량이 풍부하다. 정문에서 재실

에 이르는 길 왼쪽 숲지역은 습하여 대경목의 오리나무들을 쉽게 만날 수 있다. 오리나무 줄기, 잎, 수형 특징을 관찰할 수 있다. 소나무와 오리나무들이 함께 자라기도 한다.

길을 덮고 있는 몇 주 소나무들은 몸을 너무 비틀고 있다. 이 지역에서 전나무의 늠름한 모습도 볼 수 있다. 전나무 줄기는 굽지 않고 대나무처럼 올곶게 사는 것이 특징이다. 본 길숲에는 신나무와 때죽나무가 싱싱하게 자라고 있다.

신나무는 한자어로 楓樹(풍수) 또는 色木(색목)으로 쓴다. 색목은 염료로 쓰이기에 붙여진 이름이다. 신나무 껍질은 진한 회색 염료로 사용된다고 하며. 승려들 의복을 염색할 때 쓰인다고 한다. 아울러 신나무잎을 이용하여 얼룩덜룩한 잿빛 옷으로 염색도 하는 모양이다. 과거 우리나라에서는 신나무잎을 만주로 수출하였다고 임경빈 선생님은 나무백과를 통해 일러 주신다. 늦은 가을 잘 익은 붉은 사과빛을 띈 신나무잎이 신비롭다.

5월말 때죽나무 꽃이 필 때 나무에 달고 있는 꽃송이와 좀 빠르게 낙화한 꽃잎이 눈이 땅을 덮은 것 같다. 다른 때죽나무보다 두배이상 길게 꽃을 볼 수 있다.

재실 앞마당 도달하기전 느릅나무 인근에 꽃핀 야광나무를 5월말이면 볼 수 있다. 나무가 상당이 크지만 수형이 단아하다. 야광나무 해설판 내용이 고급스럽다. 흰꽃이 깜깜한 밤에 보면 야광(夜光)같다 하여 붙인 이름이라고 한다. 또 사과나무와 접 붙일 때 야광나무를 대목(臺木)이라 하지 않고 밑나무라고 일러준다. 문화재청의 문화 수준이 높음을 알 수 있다.

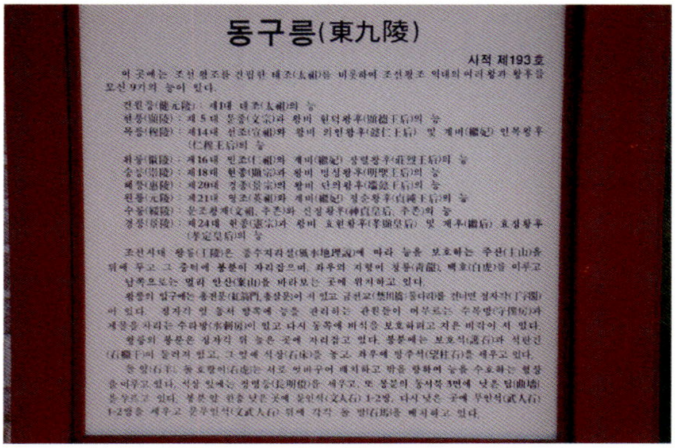

2005년 안내문. 동구릉은 사적 193호로, 조선조 태조 등 9기의 왕과 왕후릉를 모신곳임(05.11.05)

동구릉 현황도. 왼쪽부터 숭릉, 혜릉, 경릉, 원릉, 휘릉, 건원릉, 목릉, 현릉, 수릉 순서임. 왼쪽 중간 원지(19.08.31)

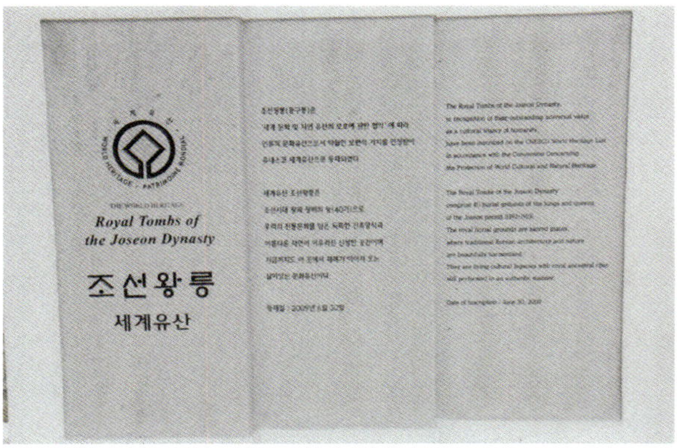

조선 왕릉 40기는 2009년 6월30일 유네스코 세계문화유산에 등록됨(10.05.27)

주차장에 서있는 대경목 소나무 수형이 아름답다(13.05.29)

정문 바로안에 장령 소나무 네 주가 탐방객을 마중한다(19.08.31)

가을임에도 정문옆 개천에 물이 그득하다(05.11.15)

늦가을이라 오리나무 형상이 잘 드러났다. 줄기가 곧은 것이 특징(05.11.15)

오리나무 뿌리목에서 발생한 맹아의 잎(19.05.07)

신나무. 신나무 치고는 키가 크고, 수형이 풍요롭다(19.05.07)

신나무 열매. 단풍나무과로 열매에 날개가 달려 있어 열매가 멀리 날아갈 수 있다(14.06.25)

신나무잎은 붉게 물 든다(19.11.12)

참나무 밑에 모여사는 단풍나무들이 가을옷으로 갈아 입었다(19.11.12)

멀리 동구릉 전체 홍살문이 보인다. 양쪽 가까이에 잣나무가 자라고 있다(19.05.07)

가래나무 꽃으로 수꽃의 긴꼬리모양. 작은 잎 9–19장이 모여 하나의 잎을 이룬다(19.05.07)

홍살문 안쪽 소나무가 길로 굽어 있다(19.05.07)

오리나무의 초여름 모습. 습지지역에 사는 수목이다(19.05.07)

홍살문 안 오른쪽에 살고있는 대형 갈참나무가 참나무시들음병 방어비닐막을 둘렀다(10.06.13)

낙화인들 꽃이 아니랴. 때죽나무 꽃이 지표면을 덮었다. 이 지역에 때죽나무가 많다는 것을 말해 준다(13.05.29)

느릅나무 수형이 아름답다(19.05.07)

느릅나무 열매(19.05.07)

재실 못미친 공간에 식재된 어린 소나무 수형이 불량하다. 재실 입구는 양호한 나무를 심어야 되는데(2019.05.07)

우듬지가 사라진 소나무는 곁가지가 자라나 비정상적인 수형이 만들어진다(19.11.12)

우듬지가 사라지고 세월이 흐르면 이런 쟁반 형태의 수관으로 발전한다(19.11.12)

이 지역에 장령의 전나무도 보인다. 식재했을 것이고, 수형이 잘 정돈된 수종이다(19.05.07)

흰꽃이 핀 야광나무. 우리 자생 수종(19.05.07)

재실 마당의 느티나무(19.05.07)

주차장 개울변 식재한 미선나무 열매. 아름다운 부채모양이라 미선나무라는 이름. 우리나라 특산식물(14.06.25)

주차장 개천변에 식재된 꽃산딸나무 잎과 꽃(19.05.07)

1902~03년 어느 능. 배경 소나무는 장령의 소나무숲이었음(까를로 로제티,1904)

현존식생도. 짙은 초록색 식생이 소나무숲. 전체의 15.3%로 대부분 능 주변. 참나무숲 52.4%, 서어나무숲 4.7%(서울시립대 작성,2012)

2. 오리나무숲

재실입구에서 개천에 놓인 돌다리를 건너면 오리나무숲으로 들어 간다. 다리밑으로 맑은 물이 흐른다. 개천은 깊이가 있어 오리나무숲의 물이 정체될 틈이 없을 것 같다. 오리나무는 물이 고인 습지에서 살 수 있는데, 물에서 뿌리가 호흡을 하는 특징을 갖고 있다.

오리나무는 우리나라 전역에 분포한다. 하천 유역, 계곡, 정체수가 있는 호수 등지에서 생육한다. 서울에서는 습지가 별로 없어 오리나무 집단생육지는 생태경관보전지역으로 지정되어 보호받을 정도이다. 옛적에는 오리마다 이 나무를 심어 나그네에게 목적지 여정을 일러 주어 오리나무라고 하였다 한다.

본 지역 오리나무들은 수고가 10~15m에 이르고, 흉고직경도 20~40cm나 되었다. 세로로 이어진 독특한 수피 모습을 볼 수 있고, 줄기 맹아지에서 잎을 쉽게 관찰할 수 있다. 본 지역은 물이 고여 있지 않아 오리나무숲에 갈참나무가 때로는 소나무와 함께 살고 있다. 습지가 차츰 육지화 되어 갈참나무숲으로 변할 가능성이 큰 오리나무숲이다. 습지를 좋아하는 물푸레나무도 볼 수 있었다.

재실에서 개천을 넘으면 넓은 오리나무숲. 동구릉 전면적 198ha중 오리나무숲은 1.6% 정도(19.05.07)

동쪽 개천이 깊어 오리나무숲을 계속 건조시켜 오리나무 생육을 위협하게 될 것이다(19.08.31)

오리나무만으로 구성된숲(순림)은 드물고, 갈참나무, 졸참나무, 소나무 등이 섞여 자라고 있다(19.05.07)

오리나무 수피. 흑회색이면서, 작은 조각으로 나뉘어져 있음(19.05.07)

오리나무의 미려한 독립 수형(19.05.07)

오리나무숲중 길섶 마른 지역에서 자라고 있는 소나무로 40~50년생은 됨(19.05.07)

가을 숲은 줄기 특징들이 잘 나타난다. 오리나무들 줄기의 곧은 모습(19.11.12)

오리나무숲속 쪽동백나무가 제 모습을 들어냈다.(19.11.12)

오리나무숲에 단풍나무들도 자주 나타난다(19.11.12)

오리나무 수형. 줄기가 곧다(19.08.31)

뿌리맹아에서 돋아난 어린 오리나무(19.05.07)

오리나무 잎으로 길죽하며 잎가에 잔 톱니가 있음(19.05.07)

길섶에 소나무, 잣나무가 살고 있어 오리나무숲이 차단되었다(19.08.31)

가을이 되자 숨어 있던 잣나무들 실체가 들어났다(19.05.07)

3. 숭릉~경릉 길숲

오리나무숲 끝에 이르면 서쪽의 숭릉으로 가는 길로 들어선다. 길로 들어서면 오리나무숲 끝자락에 신나무 거목이 서 있다. 키가 8m이상, 흉고직경이 30cm이상 되는 거목이다. 수령이 50년이상 되었을 것이다. 보통 신나무는 아교목층까지 자라는데, 이 나무는 교목층에 동참하였다. 보기 드문 일이다.

본 길은 경릉 입구까지는 노송이 길옆에서 양산을 펴든 모습을 하고 있다. 줄기가 몇 주 요란하게 굽었지만, 대체로 통직한 편이다. 경릉 입구를 지나면 참나무숲이다. 2012년에 이곳을 찾았을 때 참나무시들음병 매개 곤충인 참나무풍뎅이 공격을 막는 방어 비닐막이 둘러져 있었다. 예외없이 동구릉지역도 2010년대 초에 참나무시들음병이 만연하였다.

이곳에서는 때죽나무 사촌인 쪽동백나무와 팥배나무의 흰꽃을 볼 수가 있다. 다만 꽃피는 시기가 다르다. 쪽동백나무 꽃은 5월 하순, 팥배나무 꽃은 5월 상순에 핀다. 사실 어느 한지역의 자연상태를 공부하려면 봄의 잎피기전부터 가을의 잎진후까지 열흘에 한번씩은 답사를 하여야 변화과정을 이해할 수 있다. 자연은 정체되지 않고 항상 변하기에 우리도 어제에 머물러 있지 말고 오늘 새롭게 출발해야 한다.

팥배나무를 식재한 곳도 있다. 팥배나무가 중부지방 자생종이지만 일부러 심지 않아도 많이 퍼진다. 언잖은 소리이지만 굳이 팥배나무를 심을 필요는 없을 것 같다. 팥배나무도 자기들 끼리만 자라는 순림(純林)을 드물게 형성하는데, 자기들끼리만 살려고 하여 종다양성이 낮은 숲이 되어 생태적으로 좋지 않은 숲으로 여긴다.

오리나무숲 길 끝나는 지점에 서 있는 신나무 대형목. 수령 50~70년 정도로 추정(19.05.07)

대경목 신나무 단풍든 모습(19.11.12)

혜릉 앞을 지나는 길로 왼쪽 갈참나무 숲, 오른쪽 노령의 소나무숲(19.05.07)

쪽동백나무. 잎이 넓다(19.05.07)

쪽동백나무 꽃. 작은 눈꽃(snow bell tree)과 같이 생겨 귀엽다(10.05.27)

쪽동백나무와 가까운 사이인 때죽나무. 수형이 원형으로 독특하다(19.05.07)

숭릉으로 향하는 길 양옆이 참나무숲(19.05.07)

팥배나무 잎과 꽃(19.05.07)

숭릉가는 길섶에 잘 생긴 소나무 한 주가 서 있다 (19.05.07)

혜릉 앞길은 장령 소나무가 여러 주 서 있다. 수형은 불량하다(19.08.31)

삼거리로 왼쪽 길은 경릉 가는 길, 오른 쪽은 오리나무 숲 가는 길(19.08.31)

혜릉 홍살문 남쪽 일부에 장령목 소나무가 가을이 되니 아름다운 줄기를 볼 수가 있다(19.11.21)

경릉 가는 길섶에 심겨진 잣나무집단(19.08.31)

느릅나무가 서로 가까이 서 있어 줄기가 곧고, 수관 폭이 좁다(19.08.31)

느릅나무 세 주가 보인다(19.08.31)

느릅나무 줄기. 작은 조각의 무늬로 되어 있다 (19.08.31)

오리나무들 줄기가 곧다(19.08.31)

소나무 한주가 서 있다. 줄기 색갈이 붉다(19.08.31)

이 지역 오리나무 수형(19.08.31)

오리나무 군락(19.08.31)

본 길숲에서 일본목련이 자라는 것을 볼 수 있었다(19.11.12)

도토리를 따는 사람들이 돌메로 줄기를 쳐서 껍질이 벗겨져 이런 상처가 났다(19.11.12)

4. 숭릉 연지(崇陵 蓮池)

혜릉을 지나 숭릉 가기전 숭릉 연지 해설판이 나온다. 해설판에 의하면 숭릉 연지는 1674년애 숭릉을 조영하면서 함께 연지를 조성하였다고 한다. 연지는 네모난 연못 가운데 둥근 섬이 있는 형태이다. 풍수지리설에 의하여 네모난 연못은 땅, 둥근 섬은 하늘을 상징한다고 한다.

본 연지는 동구릉내 3개의 물길을 관리하기 위해 조영되었다고 한다. 숙종~고종때까지 돌축대를 정비하였으며, 연을 심고 기르게 했다는 기록이 전해진다고 해설판은 설명한다. 근대화를 거치면서 연지 입, 출구와 제방이 훼손된 것을 최근 발굴조사를 하고, 2017년에 정비를 마친 후, 2019년에 공개되었다고 한다.

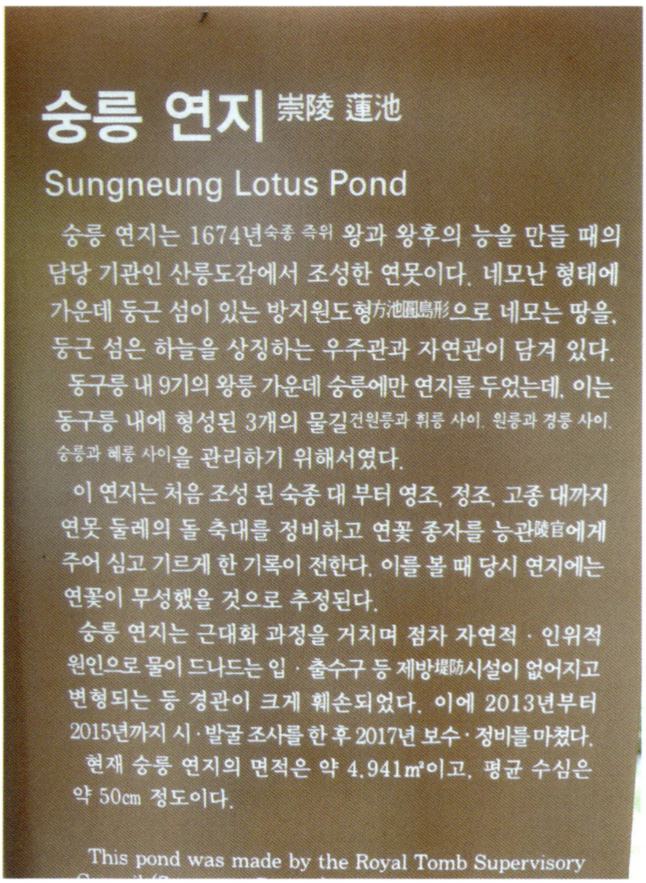

연지는 1674년에 조성. 면적 1천4백여평, 평균 수심 50cm, 조선조에는 연을 심어 관리(19.08.31)

현재 방지내에는 부들이 집단을 이루고 있고, 둥근섬에도 아직 나무를 심지 않아 실망초 등의 귀화식물이 무성하게 자라고 있다. 이제 연을 심어 키우며, 둥근섬에 소나무나 눈주목 등의 수목을 심고, 가꾸는 노력이 계속될 것이다. 많은 분들 노고로 세계문화유산 동구릉은 아름다움을 지니고 있는 것이다.

네모난 연지에 둥근 섬 형태(方池圓島形)를 조성. 네모난 연지는 땅, 둥근 섬은 하늘을 뜻한다 함(19.08.31)

연지 전경. 2019.05.07에는 공사가 끝나지 않아 공개가 안되었고, 08.31에는 공사가 끝나 공개가 됨(19.08.31)

연지에 물이 차자 부들이 자리를 잡았음(19.08.31)

가을의 부들군락 모습(19.11.12)

규모가 커서 연으로 대체하려면 노력이 많이 필요 (19.08.31)

섬을 조성하자 망초 같은 귀화식물이 무성. 나무들을 심을 것을 기대(19.08.31)

가을끝이 되자 초라해진 섬. 실망초와 가을 강아지풀들이 보인다(19.11.12)

부들. 소세지 모양이 암꽃이삭이고, 암꽃 위에 수꽃이삭이 붙어 있었으나 떨어졌다(19.08.31)

숭릉으로 향하는 길섶에서 자라는 쪽동백나무 열매가 많이도 열렸다(19.08.31)

연지 주변숲에 서 있는 오리나무 장령목(19.08.31)

연지 동쪽 숲길은 출입금지 지역. 울창한 낙엽활엽수 숲(19.08.31)

숭릉 가는길 양쪽에는 갈참나무가 주 된 숲(19.08.31)

가을이 되자 갈참나무들 줄기 모습이 뚜렷하게 보인다(19.11.12)

장령목의 갈참나무들을 볼 수 있다(19.08.31)

길끝에 공사중인 숭릉 정자각이 보인다(19.08.31)

숭릉 홍살문에 이르는 가을 길숲(19.11.12)

활엽수숲에 키 큰 소나무 한 주가 서 있다(19.08.31)

5. 숭릉(崇陵)숲

숭릉은 조선 18대 현종(顯宗, 1641~1674; 재위 1659~1674)과 왕비 명성왕후(明聖王后, 1642~1683)의 능으로 쌍릉이다. 오랫동안 정비를 하여 공개가 2011년경에 된 것 같다. 능의 좌, 우와 후면을 본래 참나무류가 둘러싸고 있는 숲이었는데, 소나무를 새로 심어 키 큰 활엽수와 키 작은 소나무가 이단의 경관이 연출이 되었다(2019.5).

2012년 비각뒤의 소나무숲이 연결되지 않아 활엽수들이 돋보였다. 비각 동쪽으로 키 큰 소나무가 여러 주 서 있는데, 왕릉을 상징할만한 수형이 되지 못하고 불량형질의 소나무가 남아 있다. 한국전쟁이후 생명을 이어가기 위해 국민들은 기둥, 서까레, 장작용으로 소나무를 베어 갈 수밖에 없었다. 우리의 지난한 역사를 이해하고 새롭게 낙락장송이 될만한 나무를 심어야 한다. 후손에게 왕릉 문화유산을 떳떳하게 물려줄 수 있어야 하지 않을까.

홍살문 남쪽 소나무숲도 이단림으로 되어 있고, 현재 모습은 임업적인 작업을 한 모습 같아 보인다. 오랜 시간이 흐르면 극복이 될까. 능 뒤쪽 소나무숲을 활엽수숲이 받혀 주고 있다. 주산에서 내맥이 흘러 드는 자리인지라 소나무로 덮혀 있어야 하는데 확인할 방법이 없다.

홍살문 남쪽 숲은 낙엽활엽수숲으로 오리나무가 어쩌다 보인다. 숲속을 들어갈 수가 없어 확인할 수가 없다. 길섶에 때죽나무꽃이 대단하다.

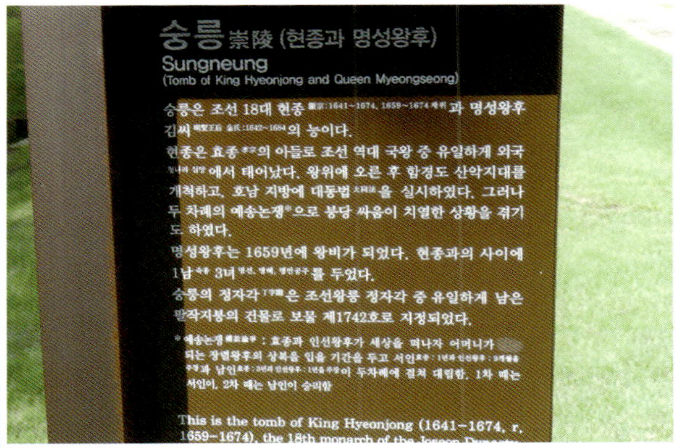

숭릉은 조선 18대 현종(1641~1674, 재위 1659~1674)과 명성왕후(1642~1683)릉(19.08.31)

숭릉 홍살문 밖 장령목 소나무. 수관폭이 너무 크다. 홀로 사는 나무 특징(19.05.07)

정자각 뒤로 쌍릉이 보이고, 식재된 소나무가 왜소하여 표가 잘 나지 않는다(13.05.29)

능침뒤로 이단림 모습이 가을이 되니 완연하게 들어났다(19.11.12)

능 서쪽 소나무식재는 기존 장령 소나무 몇 주에 더해 보완식재하였다(12.01.21)

가을끝이 되자 초라해진 섬. 실망초와 가을 강아지풀들이 보인다(19.11.12)

능을 둘러싸고 있는 소나무들 수형이 너무 불량한 나무들이다(10.05.27)

홍살문과 숭릉 경관(19.05.07)

숭릉 서쪽 숲경관. 뒷편이 기존의 참나무숲. 앞쪽은 새로 식재한 소나무숲. 30년 후에나 소나무가 가릴 것임 (19.05.07)

서쪽 숲도 가을에는 이단림의 모습을 보여준다(19.11.12)

정자각 서쪽 소나무 숲. 수형이 불량하다(19.08.31)

숭릉 동쪽 경관도 소나무림은 조성한 것이지만, 중간에 키 큰 나무도 있다(19.05.07)

능뒤의 소나무가 속히 자라야 참나무 풍경을 차단할 것이다(19.11.12)

동편에 식재한 소나무들 수형이 불량하여 아쉽다(19.05.07)

비각뒤로 단풍든 참나무류가 소나무들을 압도한다(19.11.12)

능 동편 비각 아래로 장령 소나무가 몇 주 서 있으나 수형이 불량하다(19.05.07)

숭릉 홍살문 남쪽 숲은 낙엽활엽수림(13.05.29)

남쪽 숲입구에 때죽나무 흰꽃이 만발하다(13.05.29)

숭릉으로 향하는 길 양옆이 참나무숲(19.05.07)

6. 혜릉(惠陵)숲

혜릉은 조선 20대 경종의 첫 번째 부인 단의왕후(端懿王后; 1686~1718) 능이다. 동구릉에서 모범적으로 능 뒤쪽과 좌우에 소나무숲이 홍살문까지 연결되어 있다. 조사를 위해 혜릉뒤까지 살펴볼 수 있었다. 주산에서의 내맥 능선 지형도 소나무로 덮혀 있었다.

능에서 홍살문에 이르는 좌청룡, 우백호 능선이 소나무숲으로 덮혀 있다. 풍수지리설에 따라 조성한 소나무숲을 잘 관찰할 수 있다. 그러나 안산뒤로 고층아파트가 서 있는데 왕릉과 마주한 형국이라 보기에 언짢았다.

왕릉을 조영한지 3백년이 흘러, 당시 소나무가 남았다면 2~3백년생 정도 소나무가 될텐데 실질적인 소나무 나이들이 60~70년생이다. 지금 숲을 이루고 있는 소나무들 줄기가 곧은 나무들이 많지는 않다. 그러면 60~70년전에 심은 소나무들일까. 기록이 남아 있을까.

비각 뒤에 거목 소나무 네 주가 서 있다. 이들 줄기도 모범적이지 못하다.

하부에 식재한 소나무들도 올바른 수형을 가진 소나무가 많지 않다. 동구릉 소나무라면 줄기가 곧고, 수피가 붉은 적송으로서 낙락장송의 귀티를 뽐내는 소나무숲이어야 하지 않을까.

능마다 비각 내지 수복방 뒤편에 소나무나 전나무 대형목이 자라고 있어 능을 구분하는데 중요한 요소가 된다. 홍살문을 감싸고 있는 소나무들이 인상적이다.

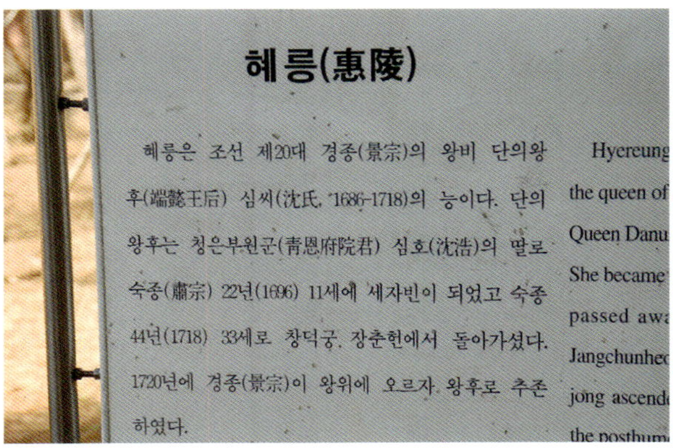

혜릉(惠陵)은 조선조 20대 경종 부인 단의(端懿)왕후(1686~1718)릉(05.11.15)

홍살문 입구에 장령 소나무가 서 있다(19.08.31)

정자각에서 홍살문쪽으로 바라본 경관. 홍살문을 장령나무들이 에워싸고 있다(05.11.15)

비각뒤로 장령의 소나무가 서 있다(05.11.15)

능앞에서 바라본 동편의 소나무림. 장령의 소나무가 잘 보호되어 왔다(12.11.16)

봉분뒤에도 장령 소나무가 서 있다. 수형은 불량(12.11.16)

서편의 소나무림도 소나무숲이 홍살문까지 연결되었다(12.11.16)

능에서 바라본 안산(案山). 고층건물이 경관의 평화로움을 파괴하였다(12.11.16)

조산(祖山)에서 내려온 내맥(來脈)능선과 소나무숲이 잘 보호됨(12.11.16)

내맥 소나무의 수피가 거북등처럼 갈라져 거북을 상징하는 길조(12.11.16)

능 서쪽 소나무숲이 능 후면까지 연결되어 동구릉에서 모범적임(19.05.07)

혜릉을 좌청룡(동측)과 우백호(서측)가 완전하게 소나무가 띠를 형성(19.05.07)

능 후면 소나무숲. 능을 보호하는 든든한 역할 수행(19.05.07)

능 동쪽 소나무숲 띠(19.05.07)

능 서쪽 소나무숲 내부모습. 낙락장송이 아닌 소나무가 많다(19.05.07)

홍살문 동쪽 소나무군락 줄기 모습. 심하게 굽은 나무가 많다(19.11.12)

비각 후면에 장령 소나무 4 주가 남아 있으나 수형이 불량(19.05.07)

비각 뒤 4주 소나무중 줄기가 가장 잘 드러나 있다(19.11.12)

비각위로 작은 소나무의 수형이 보기 드물게 요란하다(19.11.12)

수복방 뒤로 장령 소나무 몇 주가 서 있다(19.08.31)

홍살문 가까이에 줄기가 붉은 소나무가 서있다(19.08.31)

홍살문 동쪽 인근의 대형 소나무 4 주. 줄기 일부 상처를 입었다(19.11.12)

7. 경릉(景陵)숲

경릉은 조선 24대 헌종(憲宗, 1827~1849; 재위 1834~1849)과 효현왕후(孝顯王后; 1828~1843)와 효정왕후(孝定王后; 1831~1903)의 능으로 삼연릉이다.

홍살문에서 능을 바라보면 능 뒤 숲중 서쪽은 소나무숲이나 동쪽은 비각까지 활엽수숲이다. 좌청룡인 서쪽 숲도 대부분 낙엽활엽수숲이다. 동쪽 비각뒤로 대경목의 소나무와 잣나무가 서 있지만 나머지 수종들은 대부분 낙엽활엽수들이다. 좌청룡 능하부 지역도 참나무가 주수종인 낙엽활엽수숲이다. 정자각 하부의 숲은 동, 서쪽 모두 낙엽활엽수숲인 것이다.

좌청룡인 동쪽 숲에는 2019년 5월 7일에 탐방하였을 때 팥배나무가 온 몸에 흰꽃을 달고 있어 유난하게 튀는 경관이 연출되었다. 홍살문 밖으로 네 주 소나무가 철받침대를 의지하고 비스듬히 서 있었다.

소나무가 도벌되고서 소나무를 식재하지 못해 낙엽활엽수숲이 경릉을 에워싸고 있다. 그냥 놔둘 수는 없는 일이다. 손을 대기도 몹시 부담스런 일이다. 어떻게 해야할지.

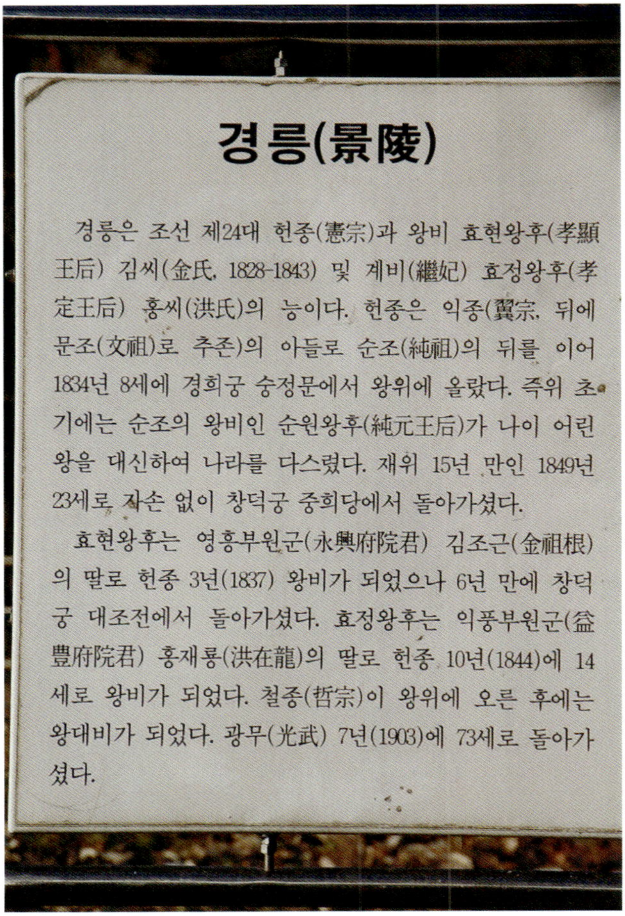

경릉(景陵)은 조선 24대 헌종(1827~1849, 재위 1834~1849)과 효현왕후, 계비 효정왕후 능(05.11.15)

능으로 향하는 길에 낙락장송이 쇠기둥 받침대에 의지하고 있다(05.11.15)

경릉 홍살문에서의 능 풍광. 능 동쪽이 소나무띠가 단절되었다(12.01.21)

능 서쪽 소나무띠 모습. 푸른 띠가 연결되었으나, 활엽수가 훨씬 많다(10.10.21)

능 후면, 서쪽에는 소나무가 얼마되지 않았고, 비각뒤를 제외하고 키 작은 소나무가 일부 남아 있었다(11.12.10)

가을이 되면 능 동쪽 숲띠는 활엽수가 많음을 알 수 있다(10.10.21)

동쪽 숲띠의 여름 모습. 소나무와 활엽수 구분이 되지 않지만 녹색띠가 형성되어 있다(06.05.30)

2019년 왕릉 풍광. 능 배후면 소나무를 제외하고는 모두 활엽수. 능 경관 개선 시도가 없었던 것 같다(19.05.07)

능침 뒤의 소나무가 장령목 숲이다(19.11.12)

비각뒤 소나무와 전나무를 제외하고 모두 활엽수숲이다(19.05.07)

능침 서쪽 숲은 가을이 되어야 진면목이 드러난다(19.11.12)

정자각 서쪽 숲은 거의 활엽수이다. 소나무가 아니면 임시방편적(19.05.07)

능 동쪽 사면의 팥배나무 꽃이 만발하였다(19.05.07)

비각뒤로 소나무와 전나무가 서로 다른 모양새를 보여 주고 있다. 갈참나무와 벚나무가 배경이다(10.10.21)

비각뒤로 소나무 한 주, 전나무 한 주가 다른 활엽수보다 월등하게 키가 크다(19.05.07)

홍살문 주위에 여러 주 소나무가 몰려 있다(10.10.21)

홍살문 가까운 서쪽 소나무는 난삽하게 자라 가지 뻗음이 요란하다(19.11.12)

수복방 건설지역 뒤의 대경목 졸참나무가 가을 옷을 뽐낸다 (19.11.12)

8. 경릉~건원릉 길숲

경릉 동쪽으로 난 자연탐방로를 따라 0.7km 가면 자연학습장에 도착하고, 이곳을 돌아 동구릉 동쪽 경계를 따라 1.6km를 가면 원릉에 도달되는 탐방로이다. 전장 2.5km인데 둘레길로 정비한 것이다.

탐방로를 정비하기전 자연학습장은 양묘장이었다(2010년). 양묘장이었을 때 걸어 보았다. 이지역 가치는 서어나무숲이 출현한다는 점이다. 각 왕릉 주변은 소나무숲으로 유지하기 위한 방해극상의 방법으로 관리해야 한다. 그러나 본 지역 숲은 참나무숲에서 이행되어 극상단계에 나타나는 서어나무숲을 보호하는 생태계 보호 관리를 유지하고 있었다. 매우 중요하고 참신한 방법이다. 앞으로 숲의 변화가 어떻게 될지를 지켜 보아야할 지역이다.

본 길 일부지역에는 돌배나무가 자라기도 하고, 오리나무 순림이 나타나는 지역도 있다. 2019년 5월 관측으로는 오리나무 수고 10~12m, 흉고직경 25~30cm에 이르는 혈기왕성한 오리나무들이었다. 길섶에 줄기가 어느 정도 통직한 소나무 몇 주가 탐방객에게 활엽수숲에서 힘들게 살아가는 소나무 이야기를 들려 준다.

원릉 동쪽 탐방로 길섶에 5~7년전에 식재한 소나무군락이 있다. 이 소나무들은 15년생 정도의 나무이었다. 대부분 나무 우듬지가 정상이고, 줄기가 곧으며 생장이 왕성하였다. 정말 희망적인 숲이다. 2012년 3월 삼척 준경묘 방문을 주선한 임업직 직원분 이야기에 의하면, 준경묘 모범 소나무에서 종자를 채취, 포트묘로 가꾸어 왕릉에 식재한다고 하였다. 정말 경이로운 이야기이다. 이런 좋은 소나무가 심겨지기 전에는 불량 소나무가 심겨져 애를 끓인 적이 있었다.

이 지역을 다시 찾으니 고맙게도 불량 소나무 대신 준경묘 소나무가 심겨져 있어 얼마나 고맙게 여겼는지 모른다. 한 사람의 올바른 사고와 행동이 왕릉의 아름다운 경관을 창출하게 된 것이다. 귀감이 되는 소나무숲이다.

본 길섶에 귀룽나무에서 뿌리맹아가 돋아나 인근에 빼곡하게 자라고 있다. 더 커지면 어찌될지 염려스럽다.

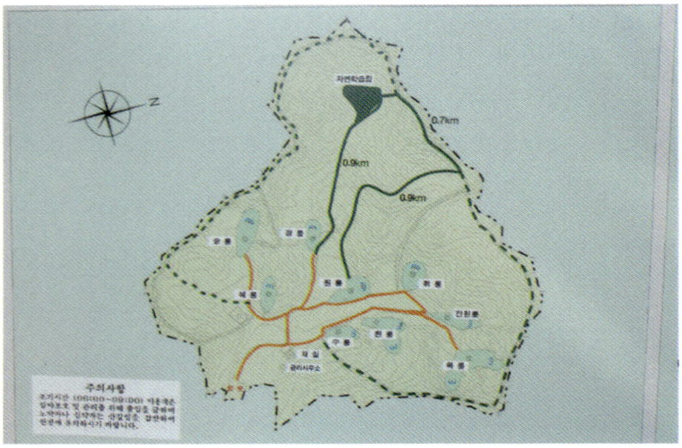

경릉 동쪽의 자연탐방로. 코스는 경릉~자연학습장~원릉에 이르며 거리 2.5km이다(10.10.21)

자연탐방로의 서어나무숲. 온대중부 극상림 서어나무 숲 출현은 숲을 잘 보호했다는 증거(10.10.21)

자연학습장은 양묘장으로 운영하여 잘 정돈 되었고 많은 자생식물을 키워내는 장소(10.10.21)

하천 정비를 친환경적인 방법으로 시공하여 자연과 친근한 개천이다. 매우 섬세하다(06.05.31)

친환경적으로 정비한 하천이 13년이 흐르자 자연스러운 모습으로 되었다(19.08.31)

초겨울인지라 활엽수들은 모두 옷을 벗어 소나무들의 속내를 볼 수가 있다. 불량 소나무가 많다(05.11.15)

붉나무잎으로 잎대공에 날개가 달린 것이 옻나무와 다르다. 옻나무과이지만 옻 알레지가 없다(14.06.25)

작은 나무 보호를 위해 망을 씌웠다. 직사광선을 피하기 위함일까(10.10.21)

활엽수들 틈에 소나무 한주가 외롭게 서 있다(14.06.25)

키 큰 소나무밑에 어린 소나무을 보완식재하였다 (12.11.16)

벚나무 줄기에 딱다구리가 집을 지었다. 지상부로부터 너무 가까와 잘 보호가 될런지(19.05.07)

탐방로 중간에 소나무 여러 주가 양옆에 서 있다 (19.8.31)

소나무숲에 단풍나무가 많이 자라고 있다(19.11.12)

수형은 불량하지만, 나름대로 잘 살아 남아 고마운 소나무이다(19.05.07)

물푸레나무 등이 자라는 것으로 보아 조금 습한 지역이다(19.08.31)

물푸레나무 잎으로 작은 잎 5~7장이 모여 하나의 잎을 이룬다. 습지식물. 꽃이 피었다(19.05.07)

8월말이지만 물푸레나무 열매는 무르익고 있다(19.08.31)

오리나무 집단. 습한 지역이다(19.05.07)

가을로 접어 들어 오리나무들이 잎이 많이 떨어져 줄기가 잘 보인다(19.11.12)

길 좌우에 장령의 소나무가 위치를 확보하고 있다(19.05.07)

흰철쭉 꽃이 지고 있는중이다(19.05.17)

길옆 잣나무도 볼 수 있다. 1970년대 솔잎혹파리 피해로 소나무대신 잣나무를 식재하기도 함(19.05.07)

식재된지 얼마되지 않은 소나무. 우듬지도 있고 줄기도 곧아 동구릉의 진정한 소나무들(19.05.07)

보호책 너머에 갈참나무숲이다. 장령의 숲(19.08.31)

소나무와 참나무가 함께하는 혼효숲(19.11.12)

오리나무숲 너머로 혜릉이 보인다(19.08.31)

귀룽나무 뿌리맹아가 자라고 있다. 더 퍼져 나가면 곤란한 일이 생길 것이다(19.05.07)

잎이 다 떨어진 오리나무 가지들의 섬세한 모습을 볼 수가 있다(19.11.12)

소나무숲에 많은 관목들이 함께 자라고 있다(19.11.12)

또 각종 공사로 탐방로가 폐쇄되어 휘릉과 목릉, 일부 탐방로 출입이 제한되었다(19.11.12)

9. 원릉(元陵)숲

원릉은 조선 21대 영조(英祖, 1694~1776, 재위 1724~1776)와 두 번째 왕비 정순왕후(貞純王后, 1745~1805)의 능이다.

2005~2010년에는 원릉의 동쪽 좌청룡지역에는 뒤편은 50년생 정도의 참나무숲이고, 앞에다 잣나무를 식재한 모습이었다. 서쪽 우백호지역은 50여년생의 참나무숲이었다. 2010년도에도 좌청룡, 우백호, 왕릉 전경에도 앞 부분에 잣나무 식재가 뚜렷이 보였다.

2012년 11월에 탐방했을때는 동, 서쪽의 참나무가 없어지고, 중형목의 소나무들이 식재되어 있었다. 지주목이 그대로인 것을 보아 2010년에 식재한 것 같았다. 식재된 소나무숲을 조사하였는데 수형이 우량한 나무와 불량한 나무가 구분되지 않고 심겨 있었다. 걱정을 하였다. 2019년 5월에 방문하여 살펴보니 몇 년전에 준경묘 소나무 포트묘로 보완 식재된 모습을 보고 얼마나 행복했는지 모른다. 능 동쪽에 식재되었던 잣나무도 사라지고 어린 소나무가 식재되어 잘 자라고 있었다.

2012년 11월 사진에 비각 북쪽에 장령의 소나무 20 여주가 서 있는 모습이 좀 이색적이었는데 어린 소나무들이 보강되어 소나무숲으로 자리매김을 한 것 같다. 의문이 가는 점이 하나 있다. 능마다 홍살문 밖에 노송이 자리하는데 모두 나무가 굽은 모습이다. 홍살문과 맞지 않는데 용케도 살아 남았다. 살아남은 이유가 무엇일까? 낙락장송으로 바꾸어야 하지 않을까.

2012년 능 뒤에서 원릉 안산을 바라 보았다. 다행스럽게 안산만 남겨두고, 안산 뒤쪽은 고층아파트가 집단을 이르고 있었다. 시가지로 개발된 것이다. 동구릉이 있기에 거대한 왕릉숲이 보존되어 구리시민에게는 역사적인 공부도 하게 되고 휴식을 취할 수 있는 숲을 갖게 된 것이다. 더구나 유네스코에 등재된 세계문화유산을 안고 살아갈 수 있다니 행복한 일이다.

원릉 입구에 자라고 있는 소나무들. 앞으로 온전히 버틸수 있을까(10.10.21)

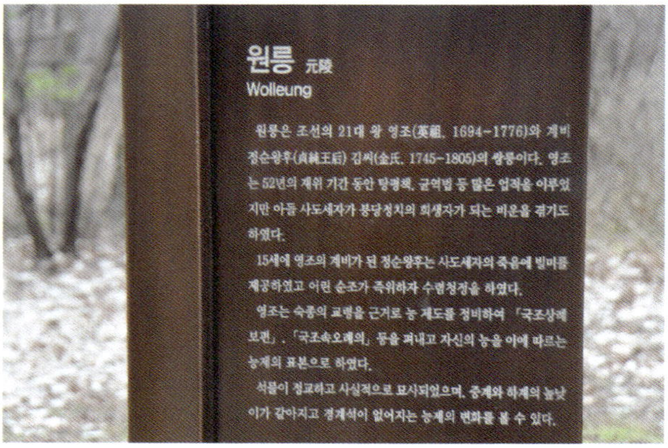

원릉(元陵)은 조선 21대 영조(1694~1776)와 계비 정순왕후(1745~1805)의 쌍릉이다(12.11.16)

능 서쪽은 큰 소나무밑에 작은 소나무를 식재. 능 동쪽은 키 작은 소나무가 활엽수와 섞여 있다(19.05.07)

능 서쪽 하부에는 장령 참나무들이 자리하고 있다(10.12.05)

능 동쪽은 활엽수밑에 소나무를 식재하였다(05.11.15)

능뒤에서 바라본 모습. 능 동쪽에 장령의 소나무가 성글게 서 있다(12.11.16)

능은 쌍릉이고, 멀리 보이는 안산은 고층 건물로 에워싸여 있다(12.11.16)

능 서쪽 지역은 키 1.5~4m 정도되는 소나무를 심고 지주목을 설치하였다(12.11.16)

능 서쪽 식재한 소나무가 자라나 기존 소나무 키 절반 정도 자랐다(19.05.07)

능 동쪽에 식재한 나무들이 자라나 소나무숲을 형성하기 시작했다(19.05.07)

능 서쪽에 식재한 소나무들을 조사하고 있다(12.11.16)

능 서쪽 식재한 소나무들이 4~5년 지나자 제법 소나무구실을 할 수 있게 되었다(14.06.14)

식재한지 10년이 지나자 소나무들이 뒤쪽 활엽수들과 어깨를 나란히 할 정도다(19.05.07)

식재한지 10년이 지나자 소나무숲의 나무들은 우듬지가 살아 있어 줄기가 곧았다(19.05.07)

비각뒤로 10여주 장령 소나무가 수형이 불량한데 좋은 소나무로 대체 계획이 필요하지 않을까(19.05.07)

아직 식재한 소나무가 10여년 밖에 되지 않아 능숲 경관이 조화롭지 못하다(19.08.31)

비각뒤로 장령의 소나무 20여주가 식재한 소나무들과 차이가 있어 눈에 잘 띄었다(12.11.24)

소나무 보완 식재 이전에는 활엽수와 뒤섞인 소나무 존재가 부각되지 않았다(10.10.21)

여러 주 소나무가 기울어 철주 보호대를 설치하였다(19.08.31)

가을이 되어서야 소나무와 갈참나무 크기가 가늠된다(19.11.12)

팥배나무 열매가 너무 많이 달려 나무가 굽었을까 (19.11.12)

하단부에 식재한지 10여년이 지난 소나무들과 기존 소나무들이 조화로운 경관을 이루고 있다(19.08.31)

홍살문 옆에 수형이 모범적인 소나무가 서 있다 (19.08.31)

능 동쪽 식재된 소나무가 기존 소나무 키를 따라 잡을 기간도 얼마 남지 않았다(19.08.31)

원릉 밖 동쪽 탐방로숲은 소나무가 성글어 능이 들여다 보여 소나무 식재를 계속 해왔다(19.08.31)

장령 소나무밑에 새로 식재한 소나무가 잘 자라고 있다(19.08.31)

보완 식재된 소나무는 수형이 올곧은 개체들인데, 불량한 소나무를 식재하였던 것을 교체한 것(19.08.31)

식재한 소나무들이 잘 자라나 이제는 간벌 등의 관리가 필요할 때이다(19.08.31)

10. 휘릉(徽陵)숲

휘릉은 조선 16대 인조의 두 번째 부인 장렬왕후(莊烈王后, 1624~1688)의 능으로 단릉이다.

2012년 1월에 상세하게 사진 촬영을 하였다. 당시 사진에 의하면 능 후면과 동, 서쪽숲에는 전면에만 소나무가 서 있었지만, 소나무가 40%정도 섞인 낙엽활엽수-소나무숲 이었다. 서쪽 능선은 정자각 위로는 소나무가 드물었고, 홍살문쪽으로 내려 가면서 소나무가 많아졌다. 동쪽은 비각 뒤쪽으로 20 여주의 장령목 소나무가 서 있어 서쪽 사면에 비해 많았다. 능 뒤로 장령목 소나무가 몇 주 보였는데, 서쪽으로 성글은 소나무밑에 새롭게 소나무가 식재되어 있었다.

당시(2012년) 능 뒤에서 안산을 바라 보았다. 안산에 일부지역은 소나무, 일부 지역은 리기다소나무가 집단적으로 자라고 있었다. 동구릉 권역은 아니지만 고층아파트가 들어서지 않기를 기원한다.

2019년 5월 사진으로는 능 삼면이 소나무와 참나무숲이 이단림으로 형성되어 있는 모습이 뚜렷하였다. 2012년에 식재한 소나무가 앞으로 20~30년정도 자라야 이단림이 없어질 것이다.

그나마 2012년에 식재한 소나무들이 잘 자라서 다행이다. 그런데 당시 심은 소나무들 중 30%정도가 수형이 모범적이지 못하다. 바꾸어야할 것 같다. 그리고 소나무숲 폭이 너무 좁다. 앞으로의 숙제가 소나무숲 폭을 얼마만큼 넓힐 것인가에 있다.

비각 아래 수복방터 뒤로 대형 전나무가 서 있다. 이 나무가 있어 휘릉의 단조로움을 보완해 준다.

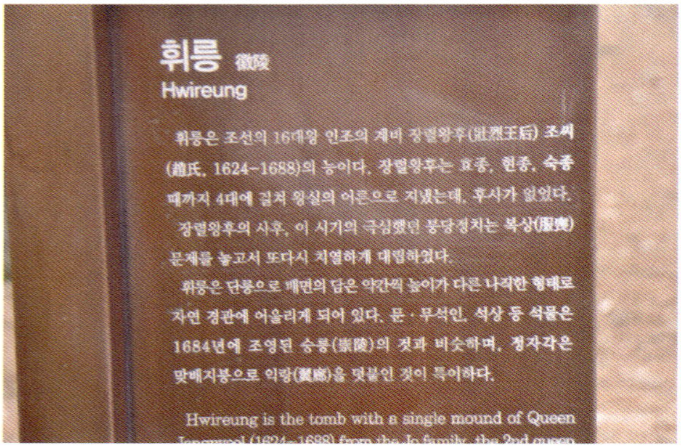

휘릉은 16대 인조의 계비인 장렬왕후(1624~1688) 능(12.11.16)

2012년 당시 능 서쪽은 소나무가 적고, 활엽수가 많은 숲이었다(12.01.21)

능 후면은 그나마 장령 소나무띠가 형성되어 있었지만 끊기고 활엽수들이 자라고 있었다(12.01.21)

능 동쪽 숲 모습. 서쪽 숲보다는 소나무가 더 많았다(12.01.21)

홍살문 서쪽으로 키 큰 소나무가 눈에 띈다(12.11.16)

능뒤에서 바라본 안산 모습. 소나무 대신 리기다소나무가 식재되었다(12.11.16)

능 후면 서쪽에 소나무가 식재되기 시작하였다(12.11.16)

홍살문에 바라본 2019년 혜릉 식생경관(19.05.07)

능뒤 소나무림이 띠를 이루고 있다. 2012년에 식재한 소나무가 큰 역활을 하고 있다(19.05.07)

능 서쪽은 활엽수 대신 소나무가 식재되었으나 아직 효과가 나지 않아 계속적인 보살핌이 있어야 하겠다(19.05.07)

능 서쪽 경사면에 식재된 소나무가 잘 자라고 있어 소나무띠 역활이 살아 날 것이다(19.08.31)

서쪽 능침 경계선의 식재 소나무가 잘 자라고 있어 . 이지역 소나무 보완식재는 성공하였다(19.08.31)

기존 성글은 소나무숲에 식재한 소나무들도 잘 자라고 있다(19.05.07)

비각 주변 장령 소나무숲에도 소나무가 보완식재 되었다(19.05.07)

이 지역 토양이 견고하지 못해 소나무가 기우러져 쇠받침대를 만들어 세웠다(19.08.31)

비각 뒤쪽에도 식재된 소나무가 잘 자라고 있다(19.08.31)

기존 소나무는 줄기가 굽었지만, 새로 식재된 소나무들은 곧은 나무들을 심었으니 곧 대비될 것(19.08.31)

정자각 뒤에 아기 고라니가 산책 나왔다(19.05.07)

비각 뒤의 소나무숲과 수복방터 뒤의 고목 전나무가 현장 수채화를 그려냈(11.06.15)

비각 뒤의 30여주 소나무 줄기가 각양각색으로 불협화음 경관이다(10.07.04)

수복방 터 뒤 전나무와 홍살문 인근 대형 소나무가 눈을 끈다 (19.08.31)

홍살문 인근 소나무들은 수피색이 붉은 적송(赤松)이 몰려 있다(12.01.21)

홍살문 인근 소나무가 키는 크지만, 수관폭이 넓어 폭목(暴木)에 가깝다(19.08.31)

홍살문 좌우의 장령목 소나무들(19.08.31)

11. 건원릉(健元陵)숲

건원릉은 조선을 건립한 태조(太祖; 1335~1408, 재위 1392~1398)의 단릉이다. 기록에 의하면 1408년(태종 8년) 왕이 건원릉에 와서 동지제를 지낼 때 산세를 보고, "능침에는 송백이 있어야 하는데, 나무 없이 벗겨져 있게 할 수가 없다. 송백을 심도록 하라" 고 이야기하였다고 한다.

오래전부터 건원릉의 소나무숲이 육성, 보호되어 온 것이다. 금천교(禁川橋)를 건너면 길 서쪽에 소나무가 여러주 서 있는데, 이중 한 주 소나무가 출중하다. 수령은 2백년 정도이고 수고가 20m이며 줄기가 통직한데, 동구릉지역 소나무중 가장 줄기가 곧은 나무중 하나이다.

금천교쪽에서 정자각으로 향하는 길섶 소나무들이 탐방객들을 반갑게 맞기위해 굽어 인사한다. 봉분이 비각 위치보다 상당히 높아 능 삼면 경관이 확실하게 보인다. 삼면이 장령의 소나무숲으로 보호가 잘 되었지만 서쪽 소나무숲 맨앞의 나무처럼 줄기가 굽고 수형이 난삽한 소나무도 끼어 있다. 봉분이 태조의 고향 함흥 억새로 덮혀 있다.

능 서쪽 사면 정자각 하부는 소나무가 별로 없는 낙엽활엽수 위주의 숲이다. 동쪽 수복방 아래로는 2012년에 소나무가 보완 식재되었다. 1987년 4월 능앞에서 찍은 사진에 의하면 내사산의 안산은 물론 외사산까지 아스라이 보인다. 동구릉 권역내에만 장령목의 소나무가 박혀 있을뿐 뒤로 갈수록 낙엽활엽수가 주수종인 숲이다.

홍살문앞 소나무들이 호위무사 노릇을 하는지 기우러져 있다(05.1105)

홍살문과 정자각. 홍살문 좌우에 장령 소나무들이 서 있다(19.08.31)

가운데 소나무가 동구릉에서는 가장 크다는 소나무로 2백년생에 가깝다 한다(19.05.07)

노송의 수피가 거북등 모양 무늬로 복을 상징한다 (19.05.07)

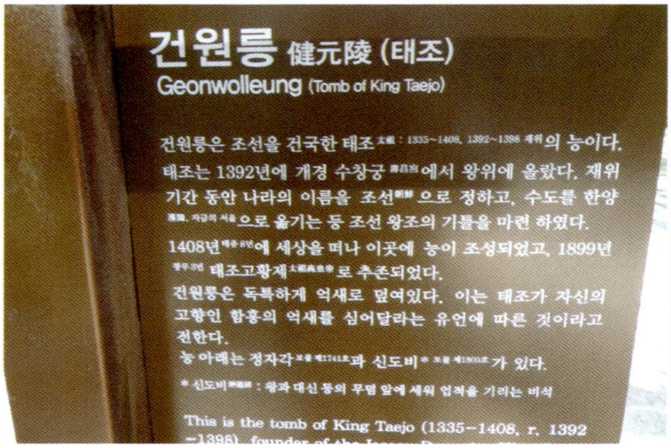

건원릉은 조선을 건국한 태조(1335~1408)릉이다 (19.05.07)

능 서쪽 경사면만 소나무숲이고, 평지는 활엽수숲이다 (11.05.15)

홍살문 서쪽 신나무 단풍이 곱다(19.11.12)

능 삼면을 소나무띠가 둘러 있다(12.11.24)

능은 함흥에서 가져 왔다는 억새가 심겨 있다 (05.11.05)

능 동쪽 소나무띠에는 형질이 양호한 소나무도 눈에 띈다(12.11.24)

능 서쪽 하부 활엽수는 여전하고, 주변 소나무들은 수형이 불량하다(19.05.07)

능 동쪽 소나무띠속 나무들 중에는 줄기가 굽는 등의 불량나무가 많은데 교체해야한다(19.05.07)

능뒤 소나무들도 수형이 불량하다. 문화유산에도 등록되었으니 양호한 소나무숲으로 바꾸어야 한다 (19.05.07)

기진맥진한 모습을 보이는 이들 소나무 모습이 참배객에게 어떤 인상을 줄까(19.08.31)

소나무숲에 대경목 졸참나무가 끼어 자라고 있다 (19.11.12)

두 건물사이 두 소나무가 몹시 불안한 모습이다 19.08.31)

홍살문 동쪽 소나무 집안. 삼척 준경묘를 목표로 대대적인 사업이 필요하다(19.05.07)

홍살문 동쪽 장령의 소나무숲. 줄기가 기우러져 있어 보는 사람도 불안하다(19.11.12)

수복방뒤 장령 소나무들. 제 마음대로 줄기가 굽어 있다. 이대로 유지할 것인가(11.06.15)

홍살문에서 정자각에 이르는 두 돌길. 왼쪽은 신도(神道), 오른쪽은 어도(御道)(11.06.15)

정자각에 오르는 계단도 신도와 어도가 구분되어 있다(11.06.15)

정자각 수라간 아래에 장령 잣나무 몇 주가 보인다.(12.11.24)

홍살문 서쪽은 참나무숲이다. 소나무숲으로의 복원이 요원하다(19.11.12)

수복방 하부에 여러 소나무가 자리하고 있다. 수피색은 붉으나 비스듬한 수형이 문제(12.01.21)

2012년에 이 지역에 심은 소나무 수형이 불량하다.(12.01.21)

붉나무 꽃. 옻나무과이기에 꽃가루로 코가 자극될 수 있다(19.08.31)

홍살문 안쪽에 줄기가 굽은 소나무들(19.08.31)

건원릉에서 바라본 안산. 고립된 소나무들을 보호해야 한다(87.04.22)

12. 건원릉~목릉 길숲

건원릉에서 목릉 홍살문까지는 거리가 좀 있다. 길에 들어서면 오른쪽으로 경사면에 낙엽활엽수숲이 잘 보전되어 있다. 길에서 관찰이 충분히 가능한 곳에 서어나무들이 모습을 드러내고 있다. 일부 지역은 거의 서어나무숲이라고 할 정도로 서어나무가 몰려 있다. 앞서도 언급한 것과 같이 온대중부림의 생태적인 극상림이다. 생태적으로는 가치가 있지만, 능원이라는 문화적인 관점이라도 수용이 가능할 것이다.

일부 대경목 서어나무가 썩어 들어 가고 있었다(2011.5). 환경오염에 민감한 수종이다. 후손인 작은 나무도 보이지 않는데 어떻게 될지.

개천 주변은 낙엽활엽수가 주를 이루고 있었다. 대경목의 물푸레나무, 팥배나무가 자라고 있고, 일부 지역은 낙락장송의 소나무가 자라는 길이다.

목릉 홍살문 오른쪽 산은 과거에 리기다소나무, 아카시나무숲 이었는데, 2010년 12월에 일부 지역에서 이들을 베어내고 소나무를 식재하였지만, 요사이 심는 형질이 좋은 소나무가 아니였다. 이왕 소나무숲으로 복원한다면 요즈음 심는 포트묘로 양성한 우량한 소나무로 대체해야할 것 같다.

목릉 가는길 오른쪽 숲 지역은 활엽수숲이 잘 보호되어 서어나무들이 일부에 위치한다(10.07.04)

서어나무 수명이 짧고 외부적인 원인으로 줄기 상처가 깊다. 결국 이 나무는 없어졌다(11.05.15)

서어나무 줄기가 일부 썩어 들어 가는데 철쭉이 가려주었다(10.07.04)

서어나무가 많이 섞여 있는 활엽수숲(19.08.31)

소나무숲으로 동구릉 지역에서는 괜찮은 숲에 든다(12.01.21)

서어나무 장령목은 고맙게도 아직 볼 수 있었다(19.08.31)

줄기가 곧고 수관이 좁은 소나무. 이런 나무들이 동구릉 소나무숲에서 주류가 되어야 한다(11.05.15)

리기다 소나무 등을 베어 내고 소나무를 심었는데 나무수형이 모범적인 나무들이 아니다(10.12.05)

오리나무가 자라는 습한 지역(19.05.07)

초여름인지라 물푸레나무 꽃을 볼 수가 있다(19.05.07)

팥배나무, 물푸레나무 등이 어울린 활엽수숲의 초여름 경관(19.05.07)

소나무는 천근성이라 흙이 조금만 침식되어도 뿌리가 드러난다(19.05.07)

목릉 홍살문 인근 소나무들이 길 양쪽에 포진해 있다 (19.05.07)

멀리 홍살문을 놔두고 활엽수숲이 아름답다(19.05.07)

13. 목릉(穆陵)숲

목릉은 조선 14대 선조(宣祖; 1552~1608, 재위 1567~1608)와 첫째 부인 의인왕후(懿仁王后, 1555~1600), 두 번째 부인 인목왕후(仁穆王后, 1584~1632)의 능이다. 목릉은 삼 능이지만 세 능이 떨어져 있다. 서쪽 선조릉, 동쪽 의인왕후릉, 남쪽 인목왕후릉이 모셔져 있다. 능역이 넓어 정자각에서 세 능침은 한눈에 들어오지 않고, 각 능침으로 향하는 참배길만 뚜렷하게 보인다.

목릉 권역에는 장령목 소나무가 정자각 서쪽 지역을 제외하고는 많지 않다. 정자각 서쪽에 여러 주 큰 소나무가 서 있는데, 그중 소나무 한 주가 출중하다. 키도 크고 줄기가 곧고 붉으며 수관층 발달이 잘 이루어져 능주변 소나무로는 동구릉권역에서 잘 생긴 소나무중 하나이다.

선조 능침 후면과 의인왕후 능침 후면에 장령목 소나무들이 자리하고 있다. 그리고 의인왕후와 인목왕후 능침사이에 여러 주의 장령목 소나무가 자라고 있다. 선조 능침부터 인목왕후 능침사이에 10여년전에 식재한 어린 소나무가 손에 손을 잡고 서 있는 모습이다. 어린 소나무숲과 후면 참나무숲과는 키 차이로 이단림을 형성하고 있다. 소나무가 잘만 자라면 참나무들을 가릴 것이다.

2012년 11월 선조와 의인왕후능 뒤에서 조산에서 능침으로 연결되는 내맥 능선을 볼 수 있었다. 선조 내맥에서는 앞 부분만 소나무숲이고, 뒤쪽은 낙엽활엽수숲이었다. 의인왕후 내맥 지형은 능선으로 일부 소나무만 중형목이었고, 나머지는 어린 소나무들 이었다.

2012년 당시 의인왕후 능에서 바라다 보이는 안산쪽에 리기다소나무가 넓게 식재되어 있었다.

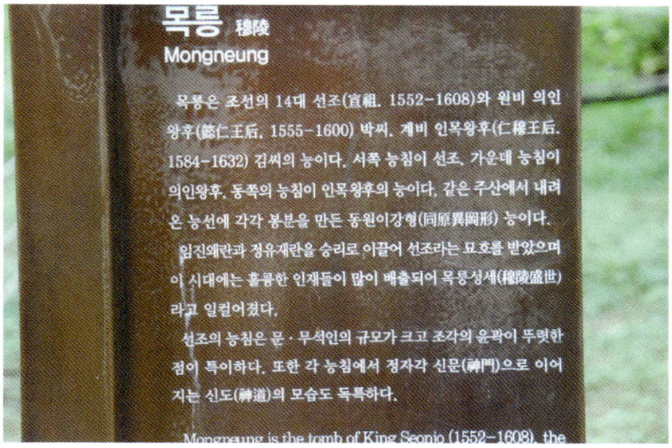

조선 14대 선조(1552~1608), 원비 의인왕후, 계비 인목왕후의 능. 서쪽 선조, 중앙 의인왕후, 동쪽 인목왕후 능(10.07.04)

홍살문에서는 능침은 보이지 않고 능침을 연결한 소나무띠가 보인다(19.05.07)

서쪽 선조릉, 중앙 의인왕후릉으로 장령 소나무군은 군데군데 남아있고 최근 심은 소나무들이 띠를 형성(12.11.24)

정자각에서는 오른쪽 의인왕후능만 보인다. 서쪽 거대한 소나무가 눈길을 끈다(19.05.07)

선조릉 왼쪽 경사지 하부 대형 소나무 네 주는 수형이 불량하다(19.05.07)

정자각 참배도에서 선조릉은 보이지 않고 좌우 소나무들, 일부 석물만 보인다(19.05.07)

선조릉과 의인왕후릉을 연결한 소나무띠는 식재한지 얼마되지 않았다(19.05.07)

연결 소나무띠 뒤로 키 큰 참나무들이 서있다 (19.05.07)

연결 소나무들 뒤로 참나무들 단풍이 눈에 띈다 (12.11.12)

선조릉 전경. 능 서쪽으로 소나무숲이 부실하다. 계속적인 보완이 있어야 하겠다(19.05.07)

목릉 전체적으로 정자각 서쪽에만 장령 소나무가 남아 있다(12.11.14)

정자각 서쪽 소나무집단중 한 주가 줄기도 곧고, 수피도 붉다(12.11.14)

인목왕후 능으로 동쪽 숲은 거의 혼효숲에 가깝다(12.04.12)

7년이 경과하였는데, 활엽수의 세력이 더욱 확장되어 소나무숲의 고유성이 지켜질지 의심이 든다(19.05.07)

선조릉 후면 소나무가 부실하다(12.11.12)

선조릉이 거대해서인지 안산 경관이 보이지 않는다(12.11.12)

조산에서 선조릉으로의 내맥지형에 소나무가 보완식재 되었다(12.11.12)

의인왕후릉에서 바라본 남서쪽 산림 경관.(12.11.12)

의인왕후릉 뒷면 소나무도 보완식재된 것이다 (19.05.07)

의인왕후릉 안산은 높이가 낮고 대부분 리기다소나무 숲과 아카시나무숲이었다(12.11.12)

의인왕후릉으로 드는 내맥 지형에도 똑같이 소나무가 보완식재되었다(12.11.12)

능사이를 연결시키기 위해 식재한 소나무가 아직 어려 활엽수와 이단숲을 형성하고 있다(19.05.07)

의인왕후릉과 인목왕후릉 사이 소나무띠숲에는 장령 목에 가까운 소나무들도 있다(19.05.07)

리기다소나무 송화가루가 바람에 날려 안개를 방불하게 한다(19.05.07)

14. 건원릉~수릉 길숲

이길에 간간이 나타나는 대경목 소나무가 줄기가 붉은 적송(赤松)들이 많았다. 나무들이 크고, 길로 향해 줄기가 휜 나무도 있었다. 길 가운데 공간이 비었고, 길섶이라 뿌리가 계속 짤려 몸을 곧추 세울 힘이 없어 휘었을 것이다.

탐방로와 현릉사이에 소나무가 거의 없어 현릉내 정자각과 잔디밭이 완연히 보여 현릉의 민낯을 보게 되어 길가에서 무안한 생각이 든다. 많은 사람들이 길을 가다가 정자각으로 막바로 들어가지, 더 내려가서 홍살문에서 들어가려 하지 않는다. 아무래도 길옆에 완충녹지로 넓게 소나무숲을 조성해야할 것 같다.

길섶 서쪽에는 여러 종류의 우리나라 자생 조경수들을 식재해 놓았다. 그 중 인상적인 수종이 생강나무이었다. 잎을 따서 손으로 비비면 생강냄새가 난다고 하여 생강나무라고 하였다. 가을에 열리는 까만 열매는 옛적에 기름을 짜서 부인들 머릿기름으로 사용하였으며, 동백기름이라고 한다. 필자가 어릴 적에 호롱불 밑에서 동백기름을 머리에 바르시고 쪽을 지으시던 할머니 생각이 떠오른다.

길섶에 심겨진 생강나무는 뿌리에서 30 여개의 줄기가 올라와 타원형의 수형을 이루고 있었다. 자연상태에서는 보통 줄기가 1개, 맹아가 올라와도 2~3개로 갈라지는데, 관상용으로 키운 나무일 것이다. 잎은 윗부분이 보통 3~5개로 갈라지는데. 길섶 나무는 잎이 갈라지지 않은 것이 많았다. 가을 단풍은 노란 색으로 예쁘다.

길섶에 물푸레나무 대경목도 보인다. 키 큰 신나무도 함께 살고 있었다. 2007년 길섶에 있던 참나무 한주가 시들음병에 걸려 고사하여 베어냈다.

건원릉 금천교 너머 남동쪽 숲가에 대경목 서어나무 두 주가 자라고 있다(19.11.12)

건원릉에서 가까운 지역에 장령 소나무길이 형성되어 있다(12.01.21)

소나무들 줄기가 대체로 곧으나, 줄기가 2~3개씩 갈라진 소나무도 있다(19.08.31)

소나무들 수관의 공중 모습. 각 개체의 영역이 확실하게 나뉘지 않아, 안정화에는 시간이 필요(19.05.07)

키가 큰 소나무이지만 우듬지가 짤려 더 이상 키는 크지 않고, 곁가지들만이 자라고 있다(19.11.12)

생강나무 수형을 원형으로 키웠다(19.05.07)

생강나무 여름잎.(19.05.07)

소나무와 갈참나무 줄기뒤로 눈주목이 심겨 있다 (19.11.12)

갈참나무 줄기가 크게 벗겨져 있다가 살기위해서 위에서 뿌리가 내리고 있다(19.11.12)

단풍이 고운 복자기나무 가을 잎. 오대산 같은 온대북부 지역에서 자생(19.11.12)

상수리나무와 졸참나무의 풍성한 녹음(19.05.07)

졸참나무가 고운 가을 옷으로 갈아 입었다(19.11.12)

우듬지가 짤린 소나무에 4개의 가지가 각 방향으로 뻗어 나가고 있다(19.11.12)

이 지역에는 줄기가 이렇게 붉은 소나무도 있다(19.05.07)

잣나무와 소나무가 섞여 있는 송백류길(19.05.07)

길과 현릉 사이 소나무 띠숲이 부실해 현릉 일부가 들여다 보인다(19.08.31)

수릉과 길사이는 더욱 심해 나무가 하나도 없어 능지역이 훤히 들여다 보인다(12.11.24)

수릉에 다가갈 수록 길과 능 사이의 나무가 없어진다 (19.05.07)

길에서 수릉 정자각이 완전하게 보인다. 수릉에 대한 예가 아닌 것 같다(19.05.07)

길섶에 오리나무 몇 주가 보인다(19.05.07)

오리나무 모습(07.05.29)

참나무 벌채후 그루터기를 비닐로 씌워 놓았다 (07.05.29)

원릉을 지나는 길섶 소나무들 모습(07.05.29)

건원릉 길에 중장비 자동차가 들어와 공사중이다(19.11.12)

15. 현릉(顯陵)숲

현릉은 조선 5대 문종(文宗, 1414~1452; 재위 1450~1452)과 현덕왕후(顯德王后, 1418~1441)의 능이다. 능 두 기가 모셔져 있다.

홍살문 가운데로 정자각이 아니고, 수복방이 보인다. 홍살문을 들면 참도가 왼쪽으로 직각으로 굽어져 있어 정자각이 정면으로 보이지 않는다. 문종과 현덕왕후 능침을 소나무숲이 연결해 준다. 왼쪽 문종릉, 오른쪽 현덕왕후릉이다.

현릉숲은 다행히도 낙락장송들이 많이 남아 있어 능숲이 풍성해 보인다. 특히 비각, 수복방, 수라간 장송들은 믿음직하다. 줄기가 곧고, 수피가 붉은 적송도 많이 볼 수 있다. 다만 남쪽 길과의 차단이 부실한 것이 문제이다.

수복방 아래 두 소나무가 출중하다(12.11.24)

겨울이라 홍살문 인근이 썰렁하다(12.01.21)

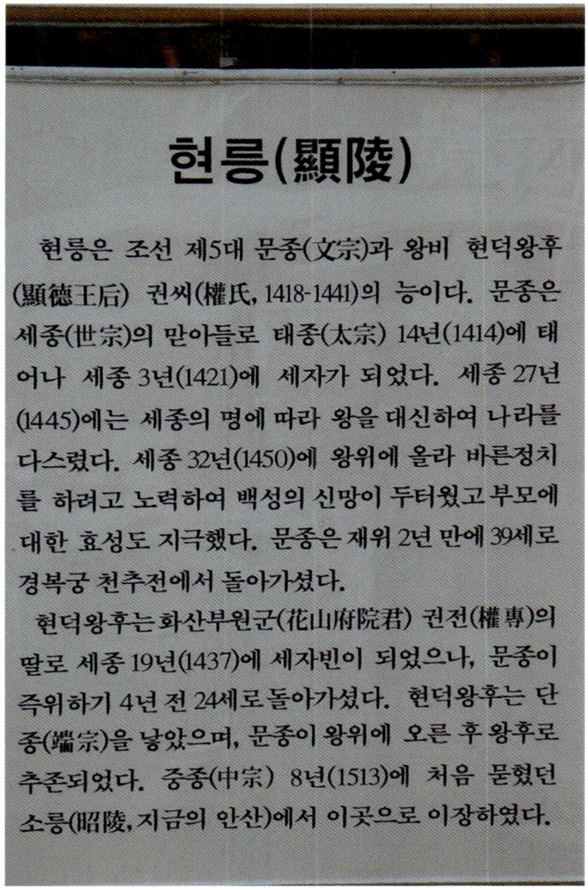

현릉은 쌍릉으로 서쪽 조선 5대 문종(1414~1452)릉, 동쪽 현덕왕후(1414~1441)릉(05.11.15)

7년동안 소나무는 늘어나지 않았으나 초여름이라 녹음이 풍성하다(19.05.07)

홍살문 서쪽 장령 소나무숲이 유지되고 있다(12.01.21)

수라간 남쪽 장령 소나무(19.05.07)

홍살문 인근 소나무가 기우러져 있어 재식재 등의 관리가 필요(19.05.07)

문종릉을 에워싸고 있는 소나무숲띠가 잘 유지되어 왔다(05.11.15)

정자각 북서쪽 장령 소나무들 수형이 불량한데 그대로 유지할 것인지(11.05.15)

문종릉 동쪽 소나무숲띠는 활엽수가 더 돋보인다(11.05.15)

수복방 뒤로 대형 소나무 여러주가 서 있으나 수형이 좋지 않다(19.05.07)

소나무 숲띠가 문종릉과 현덕왕후릉을 잘 연결 시켜주고 있다(19.05.07)

소나무띠에 대형 활엽수가 섞여 있다(19.05.07)

소나무 띠숲중 잣나무도 섞여 있다(19.11.12)

현덕왕후릉 소나무띠도 양호한 상태이다(19.05.07)

비각 뒤 장령 소나무가 받침대에 의지하고 있다(11.05.15)

수복방 뒤 장령 소나무들. 정면과 측면 경관이 다르다(19.05.07)

비각 남쪽 장령 소나무 세 주(19.08.31)

기존 장령 소나무들 뒤에 식재된 소나무 상태가 더 불량하다(11.05.15)

길섶 소나무 수피. 거북등 모양 무늬로 길함을 상징(19.05.07)

땅에 누울듯한 소나무. 어찌할 것인지(19.08.31)

단풍나무 절기가 온 모양이다(19.11.12)

16. 수릉(綏陵)숲

이 능은 문조(文祖; 1809~1830)와 신정왕후(神貞王后, 1808~1890)의 능이다. 문조는 23대 순조 아들로 세자시절 요절하여, 익종으로 추존되었다가 문조로 다시 추존되었다.

수릉 뒷부분에 장령목의 소나무가 자라고 있으나 서쪽 일부 지역에 잣나무 여러 주가 심겨 있고, 대부분 소나무와 활엽수가 섞여 있는 혼효숲이었다. 동쪽 사면도 비각 인근에 키 큰 소나무가 서 있는데, 수관 우듬지가 짤려 난삽한 수형이다. 그나마 큰나무 한 주는 쇠파이프로 제작된 받침대에 의지하고 있었다. 소나무를 속히 심어야 하겠다. 수형이 모범적인 나무로.

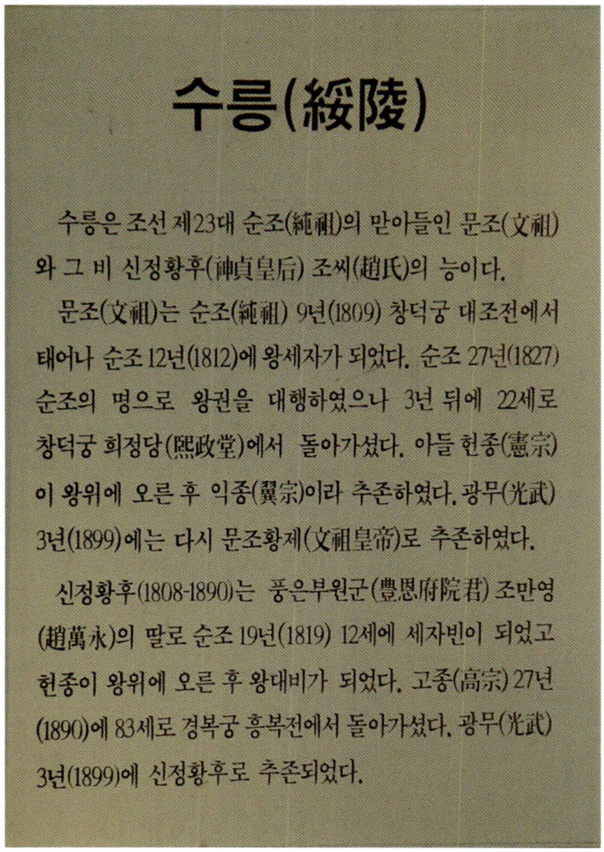

수릉은 조선 23대 순조 맏아들 문조(추존 1809~1830)와 선정왕후(1808~1890)릉(05.11.15)

2005년 사진에 의하면 비각뒤로는 장송, 수복방터 뒤로는 대형 전나무 한 주, 더 남쪽에 장송이 한 주 서 있었다. 2019년 사진에 의하면 전나무가 사라졌다. 동쪽 비각부터 홍살문까지 대경목 소나무 두 주 이외는 낙엽활엽수 세상이었다.

2012년 능 뒤 내맥의 능선부 전면에 장령목의 소나무가 많이 서 있었고, 후면에는 식재한 어린 소나무가 자라고 있었다. 능에서 바라 보이는 남쪽 안산 뒤로 고층 아파트들이 고개를 내밀고 있었다. 안산 숲은 참나무숲이었다.

정자각 위로는 대부분 소나무띠숲, 아래로는 혼효숲이다(19.05.07)

소나무들 수형이 불량한 개체들이 많다(12.11.24)

능 뒤로 줄기가 붉은 소나무가 인상적이다. 수관 모양은 상당히 불량하다(11.06.15)

정자각 밑으로는 능 지역과 길이 연결되어 있고, 길 건너 숲만 존재한다(19.08.31)

능 서쪽 소나무들 모양이 가지각색이다(11.05.15)

정자각 서쪽 숲은 소나무가 많지 않은 것이 가을에 드러났다(19.11.12)

능 서쪽 소나무 숲띠에는 잣나무가 20여주 심겨 있다. 소나무 경관과 어울릴까(19.08.31)

능 동쪽 소나무숲 개체들의 수형이 가지각색(11.05.15)

비각과 수복방터 뒤의 키 큰 소나무가 수릉의 랜드마크(19.05.07)

능침 동쪽 소나무숲에 숨어있던 활엽수 대경목이 가을 자태로 드러났다(19.11.12)

능뒤에서 바라본 안산에 고층아파트가 자리하고 있다(12.11.12)

능 뒤의 내맥 지형에 소나무가 잘 보전되었다(12.11.12)

능뒤에서 바라본 능 동쪽숲. 비각뒤의 전나무, 소나무, 수복방 터 뒤의 소나무가 돋보인다(12.11.12)

동구릉을 에워싸고 있는 고층아파트는 생태적으로 큰 영향을 미칠 것이다(12.11.12)

능 서쪽 띠숲의 잣나무의 생장이 소나무에 버금간다(12.11.12)

비각과 수복방 터 뒤로 자라는 전나무, 소나무들이 외로워 보인다(05.11.15)

비각뒤 소나무는 수관이 쟁반 같은 모양으로 생소하다(19.08.31)

비각 아래 전나무가 너무 크게 자랐나(12.01.21)

건립중인 수복방 뒤로 미송(美松)이 자리하고 있다(19.11.12)

수복방이 복원되고 있다. 소나무가 무사하길 빈다(19.08.31)

길가에 서 있는 소나무 줄기. 껍질 모양이 정연하다(19.11.12)

17. 수릉~재실 숲길

본 길숲은 갈참나무, 굴참나무, 신갈나무 대형목들이 서로 경쟁을 하며 키 자랑을 하고 있다. 2010~2012년 이 길 주변 참나무들이 시들음병에 감염, 고사하였다, 살아 있는 나무들도 참나무풍뎅이 침입 예방을 위해 비닐막이 씌워졌다. 2010년에는 길옆에 키가 1m 남짓한 소나무가 심겨 있었는데 불량한 수목으로 줄기가 굽든가, 우듬지가 짤려 나간 기형의 소나무도 여러주 관찰되었다. 2019년에는 이런 새로 심은 소나무를 볼 수가 없었다.

길섶에 조경 수목인 자귀나무가 여름마다 실크 같은 꽃을 피워 아름답다. 아무리 우리 자생수종이라도 사람 왕래가 많은 이 길에 무리는 없는지 고민해야 할 대목이다. 오리나무나 소나무가 낫지 않을까.

재실마당 느티나무가 잘 살아서 현시대와 미래의 역사 문화의 가교역할을 주문하며 동구릉 답사를 마친다.

길섶에 갈참나무, 졸참나무 등이 무성하다 (19.05.07)

일부 지역은 조금 습하여 오리나무들도 볼 수 있다 (19.05.07)

재실로 나가는 길섶에 참나무숲이 자리하고 있다 (19.11.12)

2012년 당시 참나무시들음병 방지를 위한 비닐막을 씌웠었다(12.11.12)

거목의 갈참나무와 졸참나무(19.05.07)

갈참나무가 우점종인 참나무숲의 가을 모습(19.11.12)

길섶 성근 소나무숲에 어린 소나무와 활엽수들을 식재하였다(10.07.04)

다른 길섶지역에 식재한 소나무가 잘 자라고 있다(10.07.04)

길섶 일부에는 장령 소나무가 서 있다.(12.05.15)

참나무 파란 비닐막이 동구릉 자연색이 아니어서 이질적(10.10.21)

식재한 자귀나무 꽃이 아름답게 피었다(10.07.04)

당시 프랜카드에 사용되었던 로고가 마음에 들었다(10.07.04)

재실 앞마당에 서 있는 느티나무와 전나무가 한창 자라고 있다(19.08.31)

재실에서 정문으로 향하는 길에 소나무가 짤린채 철제 지지대에 의존하고 있다. 자연경관과는 이질적이다(19.08.31)

제4부

선정릉숲

제4부
선정릉(宣靖陵)숲

선정릉은 강남 개발로 주산이 사라진 강남 도심 한 복판에 위치하며 면적이 24만 588㎡에 이르는 도심에서는 넓은 면적이다.

1. 선릉(宣陵)숲

선릉은 조선 9대 성종(成宗; 1457~1494, 재위 1469~1494)과 세 번째 왕비 정현왕후(貞顯王后, 1461~1530)의 능이다. 서쪽으로 성종, 계곡 넘어 다른 능선인 북동쪽에 정현왕후능이 자리하고 있다.

2009년 안내도에 의하면 선릉과 정릉의 주산이 그려져 있었다. 강남 개발 이전 모습인가 보다. 현재 안내도에는 주산이 없어지고 선릉과 정릉 사이에 낮은 구릉으로 구획되고 있다. 선릉 정자각과 성종 능과는 일직선이 아니며, 현재 정자각 앞쪽과 서쪽에 오리나무가 자라고 있다. 선릉 담장밖에는 간선도로가 나 있는데 오리나무 면적이 얼마만큼 훼손되었는지 모를 일이다.

지형적으로 보아 성종릉과 정현왕후릉 사이는 얕은 계곡으로 과거에는 오리나무숲이 넓게 분포하였을 것이다. 현재와 같은 깊고 넓은 배수로를 조성함에 따라 습지 기능이 상실되어 남은 오리나무들도 계속 쇠퇴할 것이다.

선릉은 서쪽, 정릉은 동쪽에 위치. 안내도에는 조산이 그려져 있으나 강남개발로 조산은 없어짐(00.09.17)

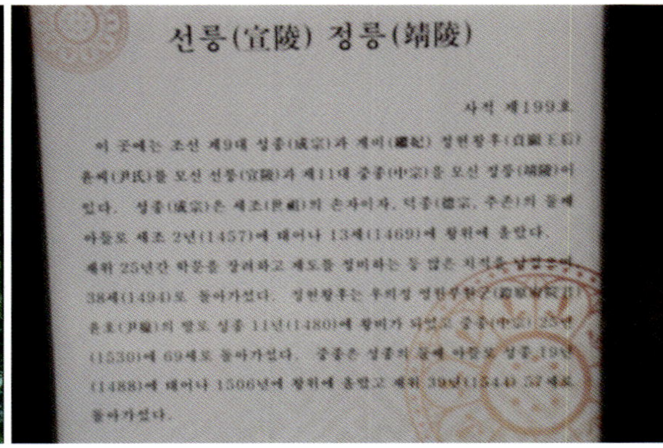

선릉은 서쪽에 조선 9대 성종(1457~1494, 재위 1469~1494)릉, 동쪽에 정현왕후(1462~1530)릉(12.01.28)

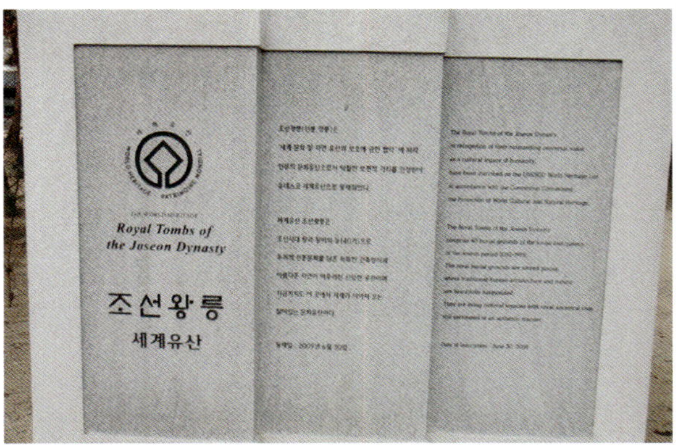

조선 왕과 왕후릉 40기는 유네스코 세계유산으로 2009년 6월 30일에 등재되었다(12.01.28)

선릉 정자각. 평지인지라 소나무도 보이나, 대부분 오리나무숲이다(13.05.30)

선릉 겨울 모습. 서쪽의 소나무띠숲이 연결되어 있지 않다(12.01.21)

선릉을 에워싸고 있는 소나무들이 지난 7년동안 많이 자랐다(19.05.03)

능 서쪽에 소나무를 보완식재하여 이단숲이 형성되었다(19.05.03)

능 아래 서쪽에 띠숲이 없어 고층빌딩이 그대로 보인다(12.01.21)

정자각 서쪽도 고층건물들에게 노출되었다(19.05.03)

비각과 수복방 뒤로 오리나무와 갈참나무숲이 아름다운 경관을 제공하고 있다(19.05.03)

선릉 뒤의 장령 소나무숲. 그러나 조산에서부터 연결되었던 지맥지형은 사라졌다(19.05.03

소나무 수관내 줄기와 가지 모양이 요란하다(19.05.03)

소나무숲내에 새롭게 식재된 어린 소나무들. 이들을 올곶게 키워 선릉 후계목으로 삼아야함(19.05.03)

선릉 동쪽 능선에 위치한 정현왕후릉. 주변 장령 소나무가 잘 보호되었다(13.05.30)

정현왕후릉 외곽 소나무집단. 줄기가 대부분 굽어 있어 교체해야 하지 않을까(13.05.30)

정릉 평지에 자라고 있는 소나무들. 줄기색은 붉으나 곧은 면은 모범적이지 못하다(12.01.21)

평지의 오리나무숲. 개천이 깊어 흙이 계속 건조해지면 오리나무가 정상적으로 생장하지 못 할것(12.01.28)

초여름의 오리나무숲. 줄기가 굽지 않는 것이 오리나무 특징(13.05.30)

지난 6년간 겉보기에는 오리나무가 잘 성장하였다
(19.05.03)

오리나무 줄기에서 맹아가 많이 발생하였다. 발생원인이 심상치 않다(19.09.01)

땅이 건조해져 오리나무가 생육하기가 버거워져 맹아가 많이 발생하고 있다(19.09.01)

선릉 일부 지역에 환삼덩굴이 번성하여 관목들을 덮었다(19.09.01)

돌로 잘 만들어 놓은 개천이 넓고, 깊어 물이 이 지역에 머물 수가 없다(19.09.01)

뿌리목부터 줄기 꼭대기까지 맹아가 다북하게 발생하였다. 오리나무가 더 이상 살아가기가 힘들다(19.09.01)

오리나무 상부는 거의 죽어가고 있어 맹아가 다북하게 발생하였다(19.09.01)

선릉 정자각에서 홍살문에 이르는 길 서쪽에 낮은 담장밖으로 도심 건물이 뚜렷하게 보인다(19.09.01)

비각과 수복방 사이에 장령의 오리나무들. 땅이 건조해져 얼마나 견딜까(19.09.01)

이웃 건물 고층에서 바라본 선정릉. 도심속에 녹지섬이다(01.11.18)

홍살문 인근에 식재된 장령목 전나무(19.09.01)

2. 정릉(靖陵)숲

정릉(靖陵)은 조선 11대 중종(中宗; 1488~1544, 재위 1506~1544)의 능이다. 중종의 세 번째 왕비인 문정왕후(文定王后, 1501~1565)가 살아있을 때 원당에 있던 원릉을 풍수지리가 좋지 못하다 하여 이곳으로 옮겼다. 자신도 죽으면 남편 곁에 묻히기를 원했다. 그러나 이곳 정릉은 매년 여름이면 홍수로 범람하고, 심할 때는 재실까지 물에 잠겼다고 한다.

문정왕후는 사후에 정릉에 묻히지 못하고 태릉(泰陵)에 묻히게 된다. 정릉 서쪽 계곡이 얕지만, 수맥이 지표와 가까워 홍수가 나면 물이 잘 빠지지 않는 지역이다.

현재 정릉의 바로 뒤로는 주산은 없어지고, 호텔 건물이 자리하고 있다. 정자각 동쪽과 남쪽 특히 홍살문 남쪽으로는 고층건물들이 빼곡하게 들어차 있다. 강남개발 당시 선정릉으로부터의 이격거리를 충분하게 살렸어야 한다. 형식적으로 왕릉을 보호한다고 지금처럼 남겨, 왕릉의 풍수지리 개념이 사라진 것이다. 도심 복판에 24만㎡의 녹지를 남겨 막대한 땅값을 희생하였다는 이야기까지 하니...

비각 북쪽으로 봉분이 시작되는 지역에 소나무와 잣나무가 함께 자라고 있다. 능 좌우에 송백(松柏)류를 식재한다는 것에 연유된 모양이다. 봉분 서쪽에 나이든 소나무가 자라고 있다. 비각 동, 남쪽에 외부 건물과 시야를 차단하는 녹지가 일부 조성되어 있다.

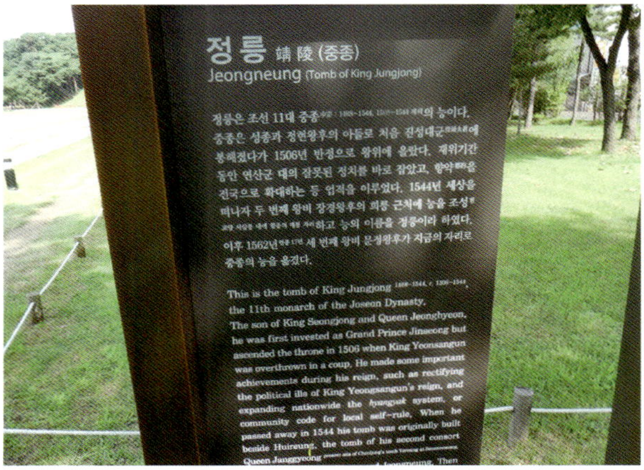

정릉은 선정릉 동쪽에 위치하며 조선 11대 중종(1488~1544)릉이다.(19.09.01).

홍살문에서 바라본 정릉 모습. 1562년 이곳으로 중종릉을 옮겼지만, 홍수때는 정자각까지 침수(19.05.03)

능 후면 소나무가 작아 호텔이 크게 보인다(99.10.15)

능 서쪽으로 소나무숲띠가 잘 연결되었다(12.01.28)

능 삼면을 에워싸고 있는 소나무숲띠(12.01.21)

비각 북쪽 소나무가 성글어 뒷면 건물들이 다 보인다(12.01.28)

정릉 서쪽 소나무숲띠를 깊이 들여다 보면 무늬만 소나무인 개체들이 많다(19.05.03)

정자각 옆으로 능을 바라 보았다. 소나무들이 더 자라야 건물이 가려질 것이다(19.05.03)

서쪽은 그간 소나무를 계속 심어 숲띠가 길게 연결되었다(19.09.01)

능 동쪽도 비각 뒤로 소나무숲띠가 연결되었지만 폭이 넓지 않아 건물이 보인다(09.05.03)

정릉 홍살문~정자각에 이르는 동쪽 지역에는 나무가 없어 정릉과 밖의 건물이 한 동네이다(12.01.21)

2013년만해도 소나무 밀도가 매우 성글었다(13.05.30)

지난 6년간 소나무가 커져 능 동쪽도 소나무숲띠가 형성되었다(19.09.01)

동쪽지역이 소나무숲띠라고 하나 두줄의 소나무일뿐이다(19.09.01)

능 서쪽 경사면 하단부 소나무가 장령목이지만 수형은 형편없다(19.09.01)

능 서쪽지역에는 장령 소나무숲이 보전되었다. 줄기가 제멋대로 굽었다(12.11.15)

이런 소나무가 정릉을 지키게 놔두어야 할 것인지(19.05.03)

능 동쪽 사면 끝에 장령 잣나무 세 주가 소나무들 틈 속에 살아가고 있다(19.05.03)

홍살문 양옆 나무띠가 부실하여 홍살문 밖 건물들이 그대로 보인다(13.05.30)

원경 경관은 6년이 지났지만, 나무가 제대로 자라지 않아 건축물 차폐가 되지 않았다(19.05.03)

근경상으로는 나무들이 크게 자랐으나 차폐를 계속 시도해야함(19.09.01)

이런 소나무들이 계속 왕릉을 지켜가게할 것인가(19.09.01)

3. 소나무숲

선릉과 정릉 사이 능선 지역에 소나무숲이 위치한다. 특히 정현왕후 능을 중심으로 나이든 소나무가 군집를 형성하고 있다. 선정릉은 도심 녹지로 많은 사람들이 찾는 지역이다.

1987년에 필자가 찾았을 때는 학생들의 소풍 장소로 이용중 이었다. 이런 이용으로 소나무숲 토양이 단단해지고, 일부 지역은 침식되어 소나무 뿌리가 들어 나기도 하였다. 잔존하는 소나무중 우량한 나무는 거의 없었고, 줄기가 굽으며 가지가 뒤틀린 개체가 대부분 이었다.

필자는 1987년에 소나무숲중 단단히 굳은 토양이 사람이 이용하지 않을시 몇 년이 지나야 토양이 풀리는지 시험을 한적이 있었다. 5mx5m 크기로 조사구를 설치하고 사람이 들어가지 못하도록 사방에 말뚝을 박고 줄을 쳐 놓았었다. 1년 후에 가보니 학생들이 복싱하는 링으로 사용되어 오히려 토양이 더 단단해 졌다. 현실을 무시한 현장조사로 완전한 실패로 돌아갔다.

그후 관리당국이 드러난 나무뿌리에 흙을 덮고 사람들의 이용을 제한하여 정상적인 소나무숲으로 변하였다. 사람의 행동에 따라 자연은 병들기도 하고, 회복되기도 한다. 우리는 자연을 대할 때마다 겸손할 필요가 있다.

1980년대만 해도 선정릉은 소풍장소이었다. 소나무숲에 나지가 발생할 수 밖에 없었다.(87.10.12)

소나무숲속에 관목층 식물이 자랄 수 없었다(01.12.01)

흙이 비가 오면 침식되어 소나무 뿌리가 드러나 있다(12.01.21)

관리사무소측은 계속 흙을 덮어 주어 오늘날에 이정도가 되었다(19.05.03)

2012년 당시 활엽수 일부를 베고, 소나무를 심었는데 대부분 불량한 소나무(12.01.21)

선정릉에서 소나무숲은 정현왕후능 주변 능선부지역에 위치(13.05.03)

해가 드는 지역은 솔방울에서 종자가 떨어져 나와 차대가 형성된다(19.05.03)

소나무숲 밀도가 높지만 수형이 대부분 불량한 개체들이 남았다(19.05.03)

소나무숲에서 잘 자라는 철쭉꽃이 피었다(19.05.03)

소나무숲 밀도가 매우 높다. 관리가 필요하다(19.09.01)

현재 소나무숲에는 다양한 관목과 초본식생이 자라고 있어 수용한계를 결정해야 한다(19.09.01)

칡이 넓게 소나무숲 일부를 차지하였다. 수용할 수 없는 식물인데, 생장 속도가 빠르기에 문제(19.09.01)

칡덩굴이 관목 식생을 덮쳤다. 이래서 그린 몬스터라는 별명까지 얻었다(19.09.01)

그린 몬스터가 어린 소나무 가까이 왔다(19.09.01)

앞부분은 자생 싸리나무군, 뒷부분은 칡덩굴(19.09.01)

소나무숲의 깨풀 군락. 자생종이지만 집단화가 심한 식물이다(19.09.01)

4. 활엽수숲

활엽수숲은 대표적으로 오리나무숲과 참나무숲이며, 소나무숲에 비해 규모가 넓지 않다. 선정릉 외곽을 재단하듯이 직선으로 길을 내고 고층 건물을 지어 수맥이 낮아져 활엽수들이 살아가기가 힘든 상태가 되었다. 1999년 10월 사진을 보면 당시 오리나무숲은 풍성하였다. 그러나 지금까지 시간이 흐르는 동안 토양이 계속 건조해지자 많은 나무들이 수를 다해 현재는 밀도가 낮은 성근 오리나무숲이 되었다.

참나무들이 2012년경에 참나무시들음병 예방용의 비닐을 줄기에 차고 있었다. 이곳은 도심녹지로 참나무풍뎅이 침입을 심하게 받지는 않은 것 같았다. 토양이 척박해지자 활엽수들이 생육에 지장을 받아 때죽나무와 산벚나무 맹아들을 2012년 이후부터 흔하게 볼 수 있었다.

도심녹지 토양이 척박해지면 귀화식물이 자라나기 시작한다. 이 지역에도 일본목련(일명 후박나무)이 2012년부터 자라나기 시작하였다. 아울러 2013년 5월에는 오동나무 치수가 관찰되었다.

습지 북쪽, 즉 상부지역은 버드나무가 우세하였다(99.10.15)

이제 숲지역에 출입이 금해진지 10여년이 지나자 숲속에 낙엽이 쌓이기 시작했다(01.12.01)

척박한 토양에서 자라고 있는 벚나무 맹아(01.12.01)

흙 침식이 10여년 지났지만 뿌리 노출은 그대로이다(00.09.17)

북쪽 낙엽활엽수숲이 겨울이 되자 건물들을 가리지 못하고 있다(12.01.21)

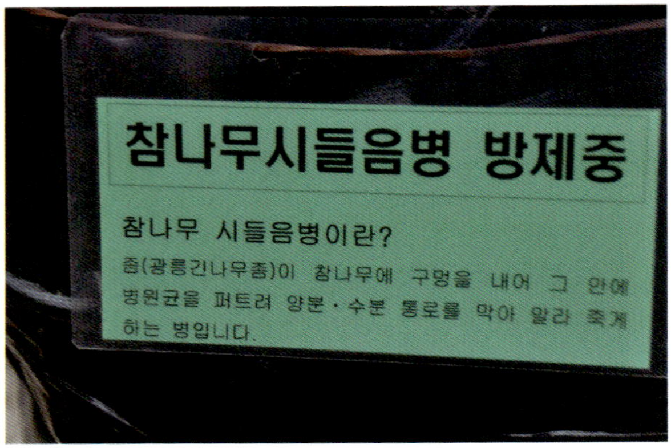

참나무시들음병이 만연하자 병에 대한 설명문을 달아 놓았다(12.11.15)

시들음병에 죽은 참나무를 베어내고 그루터기에 훈증 처리를 하였으며 비닐로 씌어 놓았다(12.11.15)

2012년에는 많은 참나무들에 시들음병 발생 방지 비닐을 씌어 놓았다 (12.11.15)

검은 비닐을 감고 있는 참나무 마을(13.05.30)

벌써 2012년에 귀화식물인 일본목련이 자리를 잡았다(12.11.15)

매립지에 식재한 단풍나무의 가을 모습(12.11.15)

참나무시들음병으로 죽은 나무(13.05.30)

맹아가 심하게 많이 나온 벚나무(19.05.03)

뿌리에서 다북하게 맹아가 자라 나온 벚나무(19.09.01)

벚나무 맹아가 이렇게 많이 나오면 모수 수명이 얼마 남지 않았다는 소식(19.09.01)

가운데 오동나무도 자라고 있었다(13.05.30)

갈참나무를 베어내자 그루터기에서 맹아가 다북하게 났다(13.05.30)

애기나리 집단 생육지. 면적이 넓어지기가 곤란할 것이다(19.05.03)

흰꽃 제비꽃(19.09.01)

오월초인데 느릅나무 열매는 벌써 익었다(19.05.03)

이런 대형 일본 목련이 산중에 자라고 있다(19.05.03)

잎이 크고 5-9개로 갈라진 특성을 가진 음나무로 어린 줄기에 가시가 많다(19.05.03)

이팝나무꽃과 홍단풍이 조화를 이룬다. 두 수종 모두 관상수로 식재하였다(19.05.03)

상수리나무 줄기(19.05.03)

야생배나무 일종으로 열매가 지름이 1~1.5cm 로 작은 콩배나무(19.05.03)

저지대로 오리나무들이 많은 숲(19.09.01)

칡덩굴이 덮어 버린 숲(19.09.01)

또 다른 지역에서 칡덩굴이 자리잡기 시작했다
(19.09.01)

5. 매립 및 습지지역

선릉과 정릉 사이의 저지대 남쪽은 습지에 가까운 지역이다. 앞에서 이야기한대로 문정왕후는 사후에 중종곁에 묻히기를 원했다고 한다. 그러나 당시 홍수가 나면 이 저지대가 침수되는데. 정릉의 정자각까지 침수되어 태릉에 묻혔다고 한다.

1987년 7월에 이 지역을 탐방하였을 때 습지 지역을 1m이상 높이로 매립한 후 소나무, 물오리나무들을 식재한 것을 볼 수 있었다. 그리고 강남구는 2013~2014년 사이에 침수예방을 위해 지하에 빗물 저류조를 설치하였다. 본 지역은 수맥이 높아 470년간 침수가 문제일 정도의 습지인 것이다.

선정릉이 강남개발로 도심에 위치하게 되자 능 남쪽으로 건설한 고층빌딩이 침수되기도 하였다. 능에서 양재천으로 흐르는 물길을 일부 매립하기도 하고, 또는 물길을 하수관과 연결시키기도 하였다. 아울러 선정릉 지역내에서도 물길을 깊게, 넓게 하여 습지지역에 물이 정체되지 못하게 하였다. 습지를 유지시키기 어렵게 되자 오리나무가 점점 사라져 작은 면적만 남게 되었다. 매립후 건조한 산에서 자라는 물오리나무(산오리나무)를 심었다. 물오리나무를 알고 심었을까, 모르고 심었을까.

선정릉 정문을 동쪽으로 옮기고 새로운 표시목을 세움 (19.05.03)

선릉과 정릉 사이 습지를 매립하고 소나무 등을 식재함(87.07.05)

매립지에 느티나무, 물푸레나무, 생강나무 등을 식재하였다(87.07.05)

기존 나무 생존지역에도 성토를 하였다(87.10.12)

습지역에서 많이 볼 수 있는 여뀌군락(00.09.17)

매립한 후 조성한 물길. 얕고, 폭이 좁다(12.01.21)

매립지역에 소나무를 식재(12.11.25)

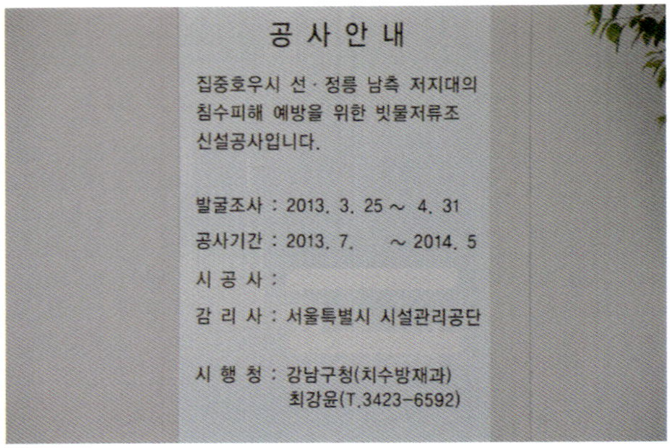

1550년대 이후 홍수가 나면 정릉 정자각까지 침수. 습지 지하에 빗물저류조를 2013~14년에 설치 (13.05.30)

공사규모, 저류조 규모 등이 공개되지 아니함 (13.05.30)

저지대 오리나무숲(13.05.30)

오리나무 일부가 건조화 되는 흙에서 살 수가 없는지 맹아가 발생되었다(13.05.30)

그런대로 오리나무숲 명맥을 유지하고 있으나 줄기에 맹아가 발생한 나무가 많다(13.05.30)

일본 원산인 죽단화가 보인다. 잘 번져 나갈텐데 어찌 할게냐(19.05.03)

상수리나무가 잘 자라고 있다(19.05.03)

오리나무군락(19.05.03)

능수버드나무가 몸이 버거울 정도로 잘 자랐다 (19.05.03)

귀룽나무밑에 깨풀등 여러 초본 식물이 자라고 있다. 습지식물을 보기가 어렵다(19.05.03)

오리나무 군락(19.09.01)

고마리나 물봉선 대신 깨풀이 자라고 있다(19.09.01)

오리나무 맹아잎(19.09.01)

오리나무 줄기에서 맹아가 많이 돋았다. 쇠퇴하는 중일까(19.09.01)

매립지에 식재한 느티나무(19.09.01)

매립지에 식재한 소나무들(19.09.01)

미국이 원산지인 족제비싸리(19.09.01)

매립지에 식재한 귀룽나무(19.09.01)

깨풀 열매가 위협적이다(19.09.01)

깨풀군락에 칡덩굴이 들어서기 시작했다(19.09.01)

장령의 느티나무 3주. 조경수 식재기법의 3 점식재 (19.09.01)

도둑놈의 갈쿠리군락. 열매가 익으면 사람, 동물에 붙어 이동한다(19.09.01)

귀룽나무 맹아를 짤라 주었다. 창덕궁 후원에서 예를 들었듯이 잘 번져 나가는 식물이다(19.09.01)

귀룽나무 3 점 식재지와 깨풀군락(19.09.01)

매립지의 굴참나무군락지(19.09.01)

물오리(산오리)나무도 심겨 있다(19.09.01)

환삼덩굴이 지면을 덮었다(19.09.01)

물오리나무 식재지(19.09.01)

느릅나무 3 점 식재지(19.09.01)

느티나무 식재지(19.09.01)

단풍나무 식재지(19.09.01)

칡덩굴 군락(19.09.01)

소나무숲의 거북꼬리풀 군락지(19.09.01)

대형 상수리나무(19.09.01)

거북꼬리풀(19.09.0

모과나무도 3 점 식재하였다(19.09.01)

능수버드나무 식재지(19.09.01)

모시물통이 군락(19.09.01)

모시물통이로 물봉선과 착각할 수도 있다(19.09.01)

6. 재실지역 식물

재실 서쪽에 약 5백년생 은행나무가 잘 자라고 있다. 수고가 24m, 두 줄기 둘레가 각각 5.5m, 2.27m이라고 현장 안내판에 기록되어 있다.

정문에서 재실에 이르는 길섶에 꽃이 특색인 나무와 풀들을 심었고 식물 팻말도 정성스럽게 제작하여 꽂아 놓았다. 우리나라 자생식물을 식재한 미니 식물원을 조성한 것이다. 차라리 해당 능역에 사는 식물을 식재한 미니 식물원은 어떨지?

이 지역에서 나이가 많이 든 고욤나무의 줄기 껍질이 두텁고 콜크질이 형성되어 있는 것을 관찰할 수가 있다. 요사이 조경수목으로 많이 식재되고 있는 우리 특산수종인 노각나무 꽃을 5월말부터 6월에 볼 수 있다. 그 외에 해당화꽃, 찔레꽃, 산딸나무꽃, 은방울꽃, 고추나무꽃, 금낭화꽃 등을 관찰할 수가 있다.

은행나무 보호수. 수령 약 5백년, 줄기가 둘로 갈라졌으며, 둘레가 각각 5.5m, 2.3m, 수고24m이다(12.01.21)

은행나무 수관은 재실 안마당에서 볼 수 있다(19.09.01)

보호수 은행나무의 줄기 모습(19.09.01)

노각나무 꽃. 차나무꽃과 같이 생겼고 꽃이 크다(13.05.30)

고욤나무 거목 줄기 모습. 조그마하게 갈라졌고, 콜크질이다(19.05.03)

해당화 꽃으로 장미 품종의 원종이다(13.05.30)

산딸나무 잎과 꽃(13.05.30)

은방울 꽃(19.05.03)

금낭화 꽃(19.05.03)

옥잠화 잎과 꽃(19.09.01)

모과나무 줄기. 얼룩덜룩한 것이 특징이다(19.05.03)

향나무 노목 줄기(19.09.01)

신이대 군락. 숲으로 번져 나가지 않도록 해야 한다(19.09.01)

은행나무 줄기를 베자 맹아잎이 손가락처럼 여러갈래로 갈라졌다. 위기가 오자 이런 잎이 나온 것이다(19.09.01)

오갈피나무 잎과 열매(19.09.01)

또 다른 벤 은행나무 맹아 잎. 잎이 4~5장으로 갈라졌다(19.09.01)

재실 인근에서 볼 수 있었던 호장근. 척박한 흙에서 잘 번져 나간다(19.09.01)

화살나무 어린줄기에 화살촉 같이 생긴 날개가 달렸다 (19.09.01)

제5부

헌인릉숲

제5부
헌인릉(獻仁陵)숲

헌인릉은 서초구에 위치하며 대모산(290m)을 주산으로 하여 내맥이 내려오다 산중턱에서 내맥이 인릉과 헌릉으로 나뉘어 두 능 봉분에 도달된다. 헌인릉 정문에 들어서면 처음 만나는 능이 인릉이고, 동쪽에 헌릉이 위치한다. 두 능사이에는 작은 계곡 형태의 평지가 형성되어 있다.

1. 인릉(仁陵)숲

인릉은 23대 순조(純祖; 1790~1834, 재위 1800~1834)와 순원왕후(純元王后, 1789~1857)의 합장릉으로 봉분이 하나이다.

능 후면, 동쪽과 서쪽면이 장령림 소나무숲이 잘 보호되어 있다. 줄기가 곧고, 색깔이 붉은 적송(赤松)이 많았다. 능 서쪽으로 봉분지역 경사면까지는 소나무, 평지는 오리나무가 식재되어 있어 소나무숲과 오리나무숲이 연결되어 있었다.

오리나무는 홍살문까지 잘 연결되어 외부와의 차단이 되었다.

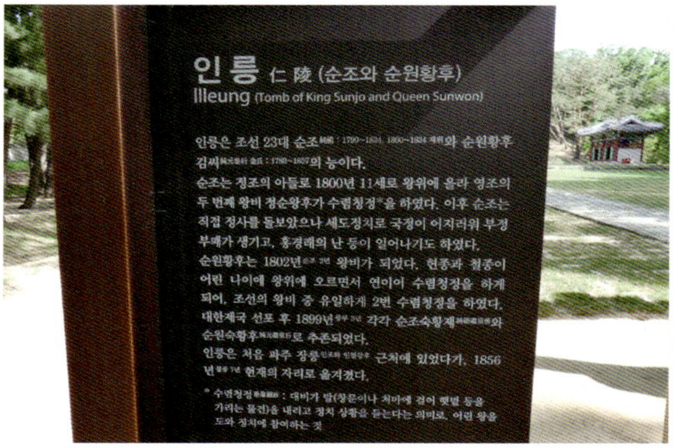

인릉은 조선 23대 순조(1790~1834)와 순원왕후(1789~1857)의 능(19.05.08)

헌인릉은 서쪽에 인릉, 동쪽에 헌릉이 위치한다. 중앙 하단부에 오리나무숲이 분포한다(19.08.30)

정문을 들어서면 인릉 홍살문이 나타난다(19.08.30)

정자각 후면과 좌우에 소나무숲띠가 잘 형성되어 있다(19.05.08)

능 서쪽은 소나무띠와 오리나무띠가 연결되어 있다.(19.05.08)

1987년 5월 초 사진에 의하면 잎이 덜난 오리나무띠와 소나무띠 구별이 확실하다(87.05.04)

경사면 적송띠와 오리나무띠가 구분된다. 다른 왕릉에서 보기드문 현상이다(19.08.30)

능침 서쪽에 활엽수가 여러주 보인다(87.05.04)

세월이 32년이 지났지만 활엽수들 생장은 여전하다(19.05.08)

1987년도 능침 동쪽 소나무띠속에 활엽수가 돋보인다(87.05.04)

능침 동쪽 소나무들은 수피도 붉고, 줄기도 대부분 통직하다(19.05.08)

능침 동쪽 소나무들이 생장이 잘 되었다(19.05.08)

정자각 서쪽 오리나무숲이 미림이다(19.05.09)

정자각 서쪽 오리나무숲 내부 모습. 개천 양옆에 오리나무가 도열해 있다(19.08.30)

갖은 풍상을 겪어온 대경목 오리나무 줄기(19.08.30)

순수한 오리나무숲으로 수관층이 여러나무로 꽉 차 있다(19.08.30)

숲내 오리나무들 줄기 모습(19.08.30)

안내판에 그려진 인릉 홍살문 동쪽의 오리나무숲
(19.08.30)

정자각 뒤에서 바라본 능과 좌우 소나무띠. 능침이 높은 곳에 조영되어 정자각 뒤에서는 보이지 않는다
(19.08.30)

정자각에서 바라본 홍살문. 좌우에 오리나무숲이 에워싸고 있다(19.08.30)

2. 헌릉(獻陵)숲

헌릉은 조선 3대 태종(太宗; 1367~1422, 재위 1401~1418)과 원경왕후(元敬王后, 1365~1420)를 모신 쌍릉이다. 정자각에서 주산인 대모산(290m)이 바라보인다. 산책로가 헌릉 뒤로 연결되어 있는데, 대모산에서 헌릉에 이르는 내맥의 자취를 볼 수 있다. 그런데 2019년을 찾았을 때 내맥을 따라 산책하는 흔적이 남아 있어 어떻게 통제할 것인지를 고민해야할 것 같다.

헌릉 뒷면, 동쪽과 서쪽 삼 면이 모두 장송으로 연결되어 있다. 1987년 5월 헌릉 뒤에서 안산(案山)이 잘 보였는데 현재는 어떨지 궁금하다. 비각 동쪽 일부와 홍살문 남쪽에 오리나무들이 자라고 있다. 비각 남쪽 소나무숲중 나무가 성글은 지역에 2006년부터 어린 소나무가 식재되고 있었다. 키가 1~1.5m로 줄기가 곧고, 우듬지가 살아있는 우량한 개체들이었다. 2019년도에 찾았을 때 1년에 키가 30~40cm씩 크는 개체도 있었다. 포트묘로 모범적으로 키운 나무들이다.

헌릉은 조선 3대 태종(1367~1422)과 원경황후(1365~1420)의 능(19.05.08)

헌릉의 홍살문과 정자각(19.05.08)

헌릉 조산인 대모산(290m) 이 뚜렷하게 보인다 (87.05.04)

헌릉은 쌍릉으로 소나무띠로 둘러 싸여 있다 (19.05.08)

헌릉 뒤에서 바라본 안산인 청계산(616m) 이 보인다. 계곡부는 임시 건축물로 가득하다(87.05.04)

능 서쪽 소나무띠가 폭이 좁아 소나무 수는 얼마되지 않는다(19.05.08)

능 동쪽 소나무띠는 유난히 적송이 많다(19.05.08)

정자각 뒤에서 바라본 능 서쪽 소나무띠숲(18.10.19)

정자각 뒤에서 바라본 능 동쪽 소나무띠숲(18.10.19)

비각에서 바라본 능 동쪽 소나무숲 내부 모습. 그런대로 줄기가 곧다(19.08.30)

2001년 겨울 비각 남쪽 띠숲. 대부분 오리나무 등 활엽수숲(01.01.29)

비각 남쪽 띠숲의 여름풍광(06.09.02)

홍살문 동쪽도 오리나무가 주를 이룬다(18.10.19)

홍살문~비각 동쪽 숲에 소나무를 2006년에 식재하였다(06.10.13)

식재한 소나무들이 소나무숲 하부에서 아름답게 잘 자라고 있다(19.08.30)

소나무 식재한 후 12년이 흘러 소나무가 잘 자랐다. 우듬지가 살아 있고, 줄기가 곧다(18.10.19)

노린재나무 꽃이 만개하였다. (19.05.08)

대모산에서 하산한 내맥이 산책로와 만난뒤 헌릉에 이르는 능선.(19.05.08)

비각 북쪽으로 줄기가 여러개로 갈라진 소나무 몇 주가 보인다(19.08.30)

홍살문 좌우에 오리나무가 서 있다. 인릉과 같은 경관이다(19.08.30)

정자각~홍살문 서쪽 오리나무숲(19.08.30)

서쪽 오리나무숲은 대형목 오리나무로 구성되어 있다(19.08.30)

홍살문 동쪽 오리나무숲 일부지역은 찔레가 자라고 있다(19.08.30)

오리나무숲과 능 소나무숲에서 발생된 죽은 가지등을 쌓아 놓자 환삼덩굴이 자라고 있다(19.08.30)

본 지역 일부 소나무숲은 지피식생이 없어 비가 오면 토양 침식이 발생된다(19.08.30)

이제 습지 기능을 잃어 여러 초본 식물들이 자라고 있다(19.08.30)

대형목의 귀룽나무(19.08.30)

대경목의 오리나무 뿌리목 부근의 줄기(19.08.30)

3. 오리나무숲

오리나무가 잘 자라고 있는 지역은 습지의 자연이 살아있는 지역이다. 헌인릉 주차장에서 투시 철망안에 오리나무 대경목 숲이 잘 보인다. 동서 방향으로 길게 조성된 오리나무숲이다. 동으로는 헌릉 홍살문에서 인릉 홍살문을 지나 서쪽 능 앞 평지까지 연결된 오리나무숲이다. 오리나무들 활력이 살아있어 씩씩한 기상을 볼수 있다. 근현대의 격동기를 이렇게 꿋꿋하게 지켜온 오리나무숲이 경이롭다.

오리나무는 뿌리가 물속에서도 호흡할 수 있어 습지 지역의 대표 수목이다. 서울에서는 어느 정도 규모의 오리나무숲을 포함하고 있는 습지 지역은 헌인릉 오리나무숲(약 1,700평)을 포함하여 대부분 서울시 생태경관보전지역으로 지정되어 있다.

헌인릉 오리나무숲은 지정 당시 노랑꽃 물봉선과 분홍꽃 물봉선이 상당한 면적에 자라고 있었다. 본 지역이 도시화지역이 아님에도 불구하고 2001년 1월에 답사하였을 때 배수로가 깊게 조성되어 있었다. 이런 영향으로 오리나무 습지는 상당하게 건조화 되어 산림수종 관목들이 많이 자라고 있어, 더 이상 습지 역할을 기대하기 어렵겠다.

더불어 헌인릉의 활엽수 낙엽을 모아다 오리나무숲에 펼쳐 놓는 것도 습지 역할을 방해하는데 일조하는 것 같았다. 2019년 9월 물봉선을 찾아 습지를 헤맸지만, 그 많았던 물봉선을 19년이 지나자 찾아 볼 수가 없었다. 필자의 어리석음이기를 빌 뿐이다. 왕릉은 소나무숲과 오리나무숲이 주를 이루어야 하는데, 점차 오리나무숲이 쇠퇴길로 가는 것이 마음 아프다.

2001년만해도 헌인릉 오리나무숲은 습지이었다 (01.01.29)

습지의 개천 인근 겨울 모습(01.01.29)

당시 개천을 넓게 개수하였다. 물빠짐을 좋게 한 공사가 습지 건조화를 진행시키는 원인이 됨(01.01.29)

개천에 물이 흐르고 있었다(00.09.17)

20여년이 흘러 개천은 모래가 퇴적되어 별로 쓸모가 없을 정도가 되었는데, 수량이 많이 감소한 모양(19.08.30)

오리나무숲 남쪽 경계 철망지역에는 실개천을 정비하고 철망지역에서 5m 폭으로 초본층을 제거하였다(19.08.30)

2006년 가을초에 볼 수 있었던 노랑꽃 물봉선 군락(06.09.02)

노랑꽃 물봉선. 서울권내에서 희귀한 종이라 서울생태경관보전지역으로 지정(06.09.02)

2000년도의 붉은꽃 물봉선 군락(00.09.17)

붉은 꽃 물봉선. 2019년 8월 30일에 다시 이 지역을 찾았더니 볼 수가 없었다(06.09.02)

습지지역에서 흔히 볼 수 있는 고마리군락(00.09.17)

개천을 보수하여 깊게 하였다. 습지를 건조화 시키는 지름길(06.10.13)

습지지역에 고마리 등이 살아가고 있었다(06.10.13)

일부 지역에 고마리가 조그만 면적으로 남아 있다(19.05.08)

갓 들어온 귀화식물 서양등골나물이 꽃을 피었다(18.10.19)

습지식물이 아닌 깨풀이 군락을 형성했다(19.08.30)

깨풀은 번식이 잘 된다(18.08.30)

건조한 지역에서 소나무와 함께 자라는 주름조개풀 군락도 보인다(19.08.30)

대사초 군락(19.08.30)

언뜻 보기에 물봉선 잎 모양의 큰물통이로 습지지역에 사는 식물(19.08.30)

큰물통이가 많이 자라고 있었다(19.08.30)

오리나무숲 일부에 찔레나무와 덩굴성 식물이 자라고 있었다(19.05.08)

식재한 산사나무가 노령목이 되었다(18.10.19)

습지지역이 점점 건조화되면서 이런 신나무가 많아지기 시작하였다(19.08.30)

때죽나무와 신나무 등이 오리나무 관목층에 자리를 잡기 시작했다. 습지라고 할 수 없다(19.08.30)

때죽나무 군락(19.08.30)

여러 관목들이 자라고 있는 오리나무 군락지. 점점 오리나무에 영향을 줄 것임(19.08.30)

오리나무숲에 관목층 수목이 무성해졌다(19.08.30)

오리나무숲 가장자리에 우리 관목 수종 화살나무를 식재(19.08.30)

1987년도 홍살문 동쪽 오리나무숲. 길섶에 어린 은행나무가 심겨 있다(87.05.04)

어린 오리나무숲의 밀도가 높다. 관목층에 초본식생만 자랄뿐이었다(87.05.04)

20여년이 지나자 오리나무들은 성목이 되었다(06.1013)

오리나무 내부 모습(06.10.13)

오리나무가 참나무들에 에워싸여 있다(06.09.02)

가을 단풍이 든 담쟁이가 오리나무들을 휘감았다(06.10.13)

주차장에서 바라본 오리나무숲(19.05.08)

많은 오리나무가 성목이 되었다(18.10.19)

오리나무 수형. 가지들이 무성하다(19.05.08)

하부에서부터 가지가 많은 오리나무(19.08.30)

대형 오리나무 동네(19.08.30)

제6부

태강릉숲

제6부
태강릉(泰康陵)숲

태강릉 권역에 국제 사격장, 국가선수촌이 있었는데, 유네스코의 권고에 따라 선수촌이 충북 진천으로 이전하였다. 그러나 처음에 자리한 지역에 여러 기관이 아직도 많이 남아 있다.

1. 태릉(泰陵)숲

태릉은 11대 중종의 왕비인 문정왕후(文定王后, 1501~1565)능이다. 문정왕후가 살아 있을 때 정릉(靖陵)에 중종릉을 이장한뒤 자신도 사후에 중종 곁에 묻히기를 원했다. 앞서 선정릉(宣靖陵)편에서 이야기한대로 정릉의 홍수시 정자각까지 침수가 되어, 합장이 힘들자 아들인 명종(明宗)이 태릉으로 문정왕후를 모셨다고 한다.

정문에서 홍살문에 이르는 길 좌우에 장령목의 소나무들이 많이 남아 있다. 소나무 밀도가 성글어 상수리나무, 굴참나무 대경목이 함께 살아가는 혼효숲이다. 소나무와 참나무 굵기 차이가 나지 않는다. 이 혼효숲은 참나무 덕에 봄과 가을 풍광이 아름답다.

태릉은 불암산(508m)을 주산으로 하며, 불암산에서의 내맥 지형이 잘 보전되었는데 소나무숲으로 덮혀 있다. 안산은 아차산(287m)으로 2010년에는 잘 보였는데 지금은 어떤지 모르겠다.

비각 남쪽에 향나무 한 주, 서쪽에 세 주가 심겨 있어 이채로운데, 줄기가 굵어 몇 백년된 나무이다. 정문~홍살문 길 동쪽이 습지었던 모양인데, 개천이 깊게 파여 있고 좌우에 오리나무 몇 주가 보인다. 습지식물이 2011년 6월에 작은 면적으로 남아 있는 것이 관찰되었다.

태릉과 강릉 표지판. 모든 왕릉에 최근 이런 표지판을 세워 산뜻하다(19.05.09)

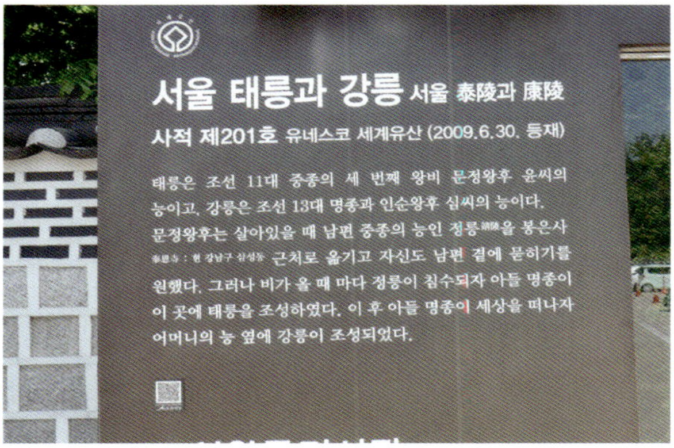

태릉은 조선11대 중종 왕비 문정왕후(1501~1565)릉. 사후에 정릉(강남구) 홍수피해로 이곳에 능을 정함(19.05.09)

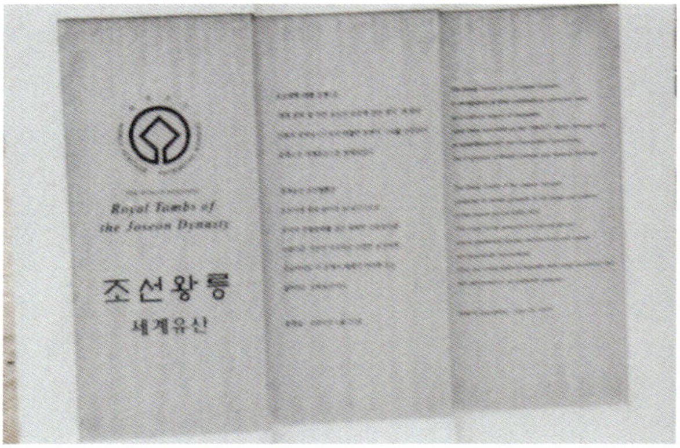

조선 왕릉 40기는 2009.06.30 에 유네스코 세계문화유산으로 등재됨(10.04.23)

태릉 정문에서 홍살문까지 숲길은 소나무보다 활엽수가 더 많아 가을 풍광이 아름답다(99.11.05)

들어난 소나무 줄기가 많이 굽었다(19.11.12)

단풍이 곱게 든 국수나무 줄나무(19.11.12)

길섶 소나무숲에 진달래를 많이 심어 놓았다(10.04.23)

소나무 두 주가 대문 역활을 한다(19.05.09)

홍살문 안쪽 평지의 소나무가 받침목에 의지하고 있다 (19.05.09)

능침 소나무띠에 다른 수종도 함께 자라고 있다 (10.04.23)

서쪽 소나무숲띠는 소나무 식재한 시기가 같지 않아 키들이 제각각 (19.05.09)

2010년에는 능침 뒷쪽의 소나무가 장령목 소나무와 갖 식재한 소나무 키가 많은 차이가 있었다(10.04.23)

지난 10여년간 소나무를 많이 보식하여 어느 정도 소나무숲이 형성되었다(19.05.09)

가을이면 능침뒤 숲의 참나무들이 두드러져 보인다. 소나무들이 빨리 자라기를 비는 수 밖에(19.11.12)

능 동쪽의 소나무띠. 무언가 허전한 경관이다(19.05.09)

능 동쪽 소나무들이 커 가고 있다(19.05.09)

조산에서 내려온 맥이 능과 연결된다(10.05.17)

정자각 너머로 아련히 안산이 보인다(10.05.17)

비각 서쪽으로 노령의 향나무 세 주가 서 있다. 다른 능에서 보기 드문 경관이다(19.05.09)

가을의 수복방 뒤의 참나무들과 향나무 수관이 대비가 된다(19.11.12)

새롭게 식재한 소나무들이 많이 자랐으나, 성글다(19.05.09)

2010년에 참나무류를 베고 소나무들을 식재한 것을 볼 수 있었다(10.05.17)

태릉도 참나무시들음병이 들렀다. 갈참나무를 침입방지용 비닐로 싸아 주었다(11.05.16)

소나무 혼자 비너스상 처럼 몸매를 자랑한다(11.05.16)

몸매가 늘씬한 소나무들이 모여 있다(11.05.16)

키 큰 소나무밑에 심겨진 어린 소나무들이 올곶게 잘 자라고 있다(19.11.12)

소나무 수피. 거북등 무늬일까(11.05.16)

이 지역은 참나무류들이 많이 모여 있는 곳이다(11.05.16)

넘어질듯한 몸매이지만 중심을 잡으려고 노력하고 있다(19.05.09)

졸참나무 수형(11.05.16)

크게 자란 상수리나무들과 소나무들이 어울려 서 있다 (19.11.12)

떡메로 나무를 때려 도토리를 따려는 사람들로 상수리 나무 껍질이 벗겨져 이렇게 됨(19.11.12)

소나무가 외롭게 활엽수들과 경쟁중이다(10.05.17)

줄로 심은 잣나무들이 많이 자랐다(19.11.12)

태릉 저지대에도 습지식물 고마리 군락이 있었는데 (11.05.16)

태릉도 예외 없이 습지에 깊은 도랑을 만들어 건조화 시켰다(10.05.17)

전나무를 많이 식재하였다(10.05.17)

생강나무를 잘 키워 나무가 풍성하다. 자연상태에서는 보기드문 수형이다(19.05.09)

잣나무에 지어 놓은 딱다구리 2층 집(11.05.16)

음나무도 식재하였다(19.05.09)

식재한 쪽동백나무(19.05.09)

거목의 귀룽나무 뿌리목과 맹아(19.05.09)

수 없는 꽃을 단 팥배나무(19.05.19)

생강나무는 겨울을 대비하여 몸을 가볍게 하고 있다 (19.11.12)

2. 강릉(康陵)숲

강릉은 조선 13대 명종(明宗; 1534~1567, 재위 1545~1567)과 인순왕후(仁順王后, 1532~1575)의 능으로 봉분이 쌍릉이다.

본 지역은 과거에 소나무숲이 잘 보호되지 않아 활엽수 숲이 발달하였고, 온대지방 극상수종인 서어나무 대경목이 여러 주 서 있다. 남아 있는 소나무들도 나이가 많지 않으며 비각뒤에 대경목 소나무가 서 있다.

최근 키가 1.5~2.0m인 소나무가 많이 심어졌다. 줄기도 곧고 우듬지도 살아있는 우량한 소나무들이다.

2010년 능 뒤에서 바라보니 안산인 아차산(287m)이 보였으나 중간에 건축물이 몇 채 보였다. 계속 이 지역에 건물이 들어 섰을까? 능 뒤쪽 내맥 능선은 소나무숲이었지만 2010년 현재 산책로로 이용중이었다.

오리나무 몇 주가 홍살문~정자각 길 오른쪽에 자라고 있다. 과거에 습지이었음을 일러준다.

능 주위로 대형 소나무가 보인다(19.05.09)

강릉은 13대 명종(1534~1567)과 인순왕후(1532~1575)의 능(19.05.09)

능 서쪽에 최근 수형이 양호한 소나무를 집중 식재하였다(19.05.09)

능 뒤의 소나무들은 수형이 불량하다(10.03.25)

비각 주변에 수형이 양호한 소나무들을 많이 식재하였다(19.05.09)

비각 하부로도 좋은 소나무들을 집중적으로 심었다(19.05.09)

강릉은 쌍봉이며 안산인 아차산(316m)이 보인다(10.03.25)

조산에서 내려온 내맥 지형에 소나무뿐만 아니라 참나무도 섞여 있다(10.03.25)

홍살문 주변에 장령 소나무가 여러 주 서 있다. 신도와 어도 이끼는 자연스런 일이까(10.03.25)

9년후 소나무도 커졌고, 이끼도 없어졌다(19.05.09)

가을이면 소나무숲 규모를 가늠할 수 있다(19.11.12)

줄기가 붉은 적송이 많지만 줄기만 곧으면 금상첨화인데(10.04.23)

일찍 잎이 나오는 귀룽나무가 돋보이고 진달래도 존재를 과시한다(10.04.23)

대경목의 서어나무가 이정도로 큰 것을 보면 소나무숲을 오랜동안 관리하지 않았음을 알 수 있다(10.03.25)

9년이 지났지만 별 차이가 없는 서어나무. 이 지역 토양 환경이 서어나무 생장에 적당한 것이다(19.11.12)

서어나무 수명이 짧은지라 대경목 줄기가 썩어 들어 가고 있다(19.11.12)

오른쪽 굵은 가지가 짤려나간 서어나무(19.11.12)

잎이 무성한 작은잎 서어나무(19.05.09)

서어나무 잎(19.05.09)

대경목 서어나무가 홀로 서 있다(19.11.12)

대경목 서어나무(19.05.09)

서어나무 군락(19.05.09)

서어나무 줄기. 색갈은 연회색이고 줄기 껍질이 매끄럽다(19.05.09)

대경목의 상수리나무 두 주(19.05.09)

정문에서 강릉에 이르는 길은 낙엽활엽수숲이다(19.11.12)

여러 참나무류가 숲을 이루고 있다(19.05.09)

홀로 서 있는 소나무가 살아가기가 벅찬 모습이다(19.11.12)

갈참나무들 단풍이 곱게 들었다(19.11.12)

능 서쪽에 식재한 소나무가 잘 자라고 있다.(19.05.09)

새롭게 보식된 소나무들(19.11.12)

새롭게 심긴 소나무들 중에 우듬지가 짤려나간 소나무도 있다(19.11.12)

수형이 좋지 않은 장령의 과거 소나무와 수형이 우량한 현재의 식재 소나무가 일가를 이루었다 (19.05.09)

식재한 소나무들이 줄기가 곧고, 우듬지가 살아있어 좋은 소나무로 자라날 것이다(19.05.09)

인동과의 덜꿩나무가 흰꽃을 피웠다. 꽃은 복산형 꽃차례(19.05.09)

흙이 양호한 지역에 자생하는 애기나리 군락(19.05.09)

이런 소나무는 과거의 나무이다. 과거와 미래 소나무를 어떻게 조화롭게 한자리에 있게 할 것인지(19.05.09)

50~60년생의 서어나무 줄기(19.05.09)

장령 오리나무 두 주. 과거에 습지이었다는 이야기인데 (19.05.09)

3. 태릉~강릉 숲길

2019년 5월에 태강릉을 답사하였을 때 태릉에서 강릉에 이르는 숲길이 개방되어 답사하였다. 총거리는 1.8km이었다. 대부분 지역 토양이 척박하여 소나무, 굴참나무가 숲을 이루고 있었다. 숲길 중간정도는 능선부로 토심이 얕아 소나무가 주를 이루고 있는 식생군락이었다. 어린 소나무 우듬지 생장을 뚜렷하게 볼 수 있었다.

이 지역은 소나무와 공생하는, 즉 척박지역에 자생하는 노린재나무, 산초나무, 진달래. 철쭉, 옻나무, 노간주나무, 다릅나무, 음나무 등의 어린나무를 볼 수 있었다. 소나무 집안을 들여다 볼 수 있는 특별한 기회이었다.

태릉~강릉간 숲속 길 안내판. 총거리 1.8km(19.05.09)

본 지역은 대체로 흙이 건조하고 척박하여 소나무 등이 사는 지역이다. 새롭게 많은 소나무들을 식재하였다(19.05.09)

귀룽나무가 크게 자랐다(19.05.09)

건조한 지역에서도 잘 자라는 굴참나무 수피. 콜크질이 형성. 우리나라에서는 너와집 지붕 덮는데 사용(19.05.09)

나무들 수령이 너무 어리다. 산불이 있었던 모양. 20년생 이하(19.05.09)

철쭉나무 잎(19.05.09)

붉은병꽃나무(19.05.09)

노린재나무 꽃(19.05.08)

상수리나무 수형(19.05.09)

소나무들도 힘들게 살아가고 있다(19.05.09)

땅이 척박한 지역에서 볼 수 있는 관목이 많았다. 특히 능선부로 오를 수록 많았다. 산초나무(19.05.09)

진달래 집합지역(19.05.09)

장령 소나무들도 능선부에서 어렵게 살아가고 있다(19.05.09)

산 능선부가 토양이 침식되어 나지화가 된 곳에 소나무가 자리 잡았다(10.03.25)

척박한 자역에서 소나무가 어렵게 살고 있다(10.03.25)

조금 떨어진 계곡부에 소나무와 참나무 혼효숲이 발달되어 있다(10.03.25)

소나무에 대한 가지치기 등의 관리작업을 하고 있다(10.03.25)

철쭉도 한자리 차지했다(19.05.09)

옻나무가 꽃을 피웠다(19.05.09)

노간주나무가 빠질 수 없다. 건조한 지역에서 사는 수종들을 많이 볼 수 있다(19.05.09)

어린 다릅나무(19.05.09)

어린 음나무도 동참했다(19.05.09)

어린 소나무가 다북하게 자라고 있다(19.05.09)

강릉으로 내려 가는 길섶 소나무들. 탐방객에게 인사하는 자세다.(19.05.09)

제7부

광릉숲

제7부
광릉(光陵)숲

광릉내 삼거리에서 국립수목원에 이르는 97번 도로는 전나무 가로수길로 유명하다. 백여년된 전나무로 국내에서 가로수로서는 가장 오래된 나무들 중 하나일 것이다. 1987년 국립수목원 개장이후 교통량이 증가하여 노선 정비 등으로 나무 뿌리를 건드렸다던지, 자동차와의 충돌로 일부 나무가 죽기도 했다. 남아 있는 나무들도 줄기에 상처들을 입었다.

광릉의 넓은 숲이 1920년대에 일제에 의해 임업시험장이 설치되어 광릉숲은 능역부분으로 제한되어 면적이 많이 감소되었다. 광릉은 우리나라에서 중부지방이지만, 다른 곳보다 평균 기온이 낮아, 온대북부지방에서 자생하는 잣나무와 전나무가 잘 자란다. 특히 이 지역에 잣나무가 자생한다. 다른 능에서 흔히 볼 수 있는 소나무가 일정 장소에서만 볼 수 있다.

1. 정문~광릉 길숲

입구에 재실이 위치한다. 재실 뒤로 이 백년 이상된 은행나무가 노목의 자태를 보여주고 있다. 재실밖 북쪽에 백송 5 주가 식재되어 있다. 키가 4m 내외로, 1 주는 아직 줄기가 초록색을 벗어 나지 못했고, 4 주는 줄기가 흰색이다.

하마비 인근에 거목의 신나무가 서 있다. 본래 줄기가 2개로 갈라졌는데, 3m 부위에서 줄기가 베어져 짤린 줄기 5개가 보인다. 근원경(뿌리위 줄기의 직경)이 50cm정도 된다, 일반 산중에서 신나무는 커 보아야 아교목층에 속하며, 굵은 나무는 흉고직경이 10~15cm에 이르는데. 이 나무는 엄청나게 큰 것이다. 나이가 많아선지 줄기 일부가 썩기 시작한다. 신나무 해설판에 색목(色木)이라고 했는데. 스님이 옷을 회색으로 물들일 때 신나무잎을 사용하기에 이런 명칭이 붙은 것이다.

길 입구에서 홍살문에 이르는 숲은 백년생의 전나무와 잣나무가 주를 이루고 있다. 길 중간에 2010년에 내습한 태풍 콘파스로 피해를 입은 전나무와 잣나무 줄기 둥치에서 나이테를 측정한 모양이다. 현장 해설판에서 읽을 수 있다. 필자도 쓰러진 전나무 줄기의 나이테를 헤아려 보니 100개 정도 이었다. 전나무는 서 있는 채로 죽은 것도 있었다. 오래된 죽은 전나무 그루터기에 어린 단풍나무가 자라고 있었다. 숲은 영속하는 생명체이다.

전나무와 잣나무 수고가 평균적으로 15~25m정도 된다. 아교목층에는 당단풍(잎이 9~11개로 갈라짐), 복자기나무(단풍나무 일종으로 어린 잎 3개가 모여 하나의 잎을 이루는 나무), 까치박달나무, 서어나무 등이 자라고 있다. 우리나라에서 서어나무숲이 잘 발달된 지역이 광릉이다. 왕릉숲으로 엄격하게 잘 지켜진 것이다.

잣나무가 오래된 나무수피는 소나무 비슷하다. 처음에는 소나무인지 알았는데, 꼭대기에 달려 있는 잎을 보니 잣나무이었다.

광릉 가는 길(국도 98번)은 전나무 가로수길로 유명하다(19.09.28)

도로 중앙에 전나무가 서 있어 전나무들에게는 피해가 심하다(19.09.28)

광릉 주차장에 서 있는 오리나무 수형이 신통치 않다. 부지가 습지이었을 것이다(19.09.28)

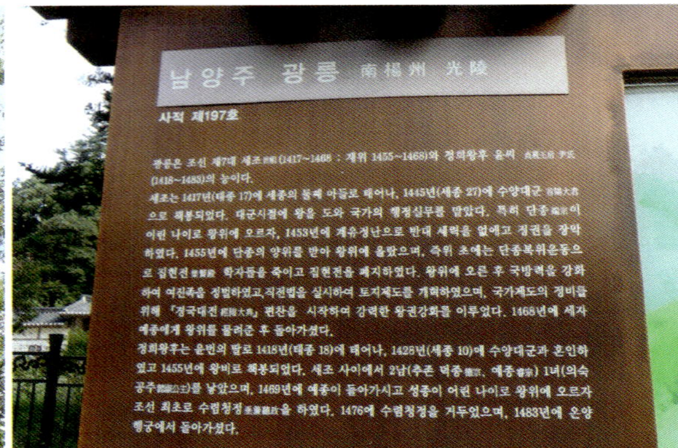

광릉은 조선 제7대 세조(1417~1468)와 정희왕후(1418~1483)릉이다(19.09.28)

광릉은 죽엽산(676m)을 조산. 왼쪽 세조 왕릉, 오른쪽 정희왕후릉. 재실에서 정자각까지 경사가 있는 좀 긴 길(19.09.28)

재실. 후면으로 전나무, 밤나무, 참나무, 잣나무 등이 어울려 있다(19.09.28)

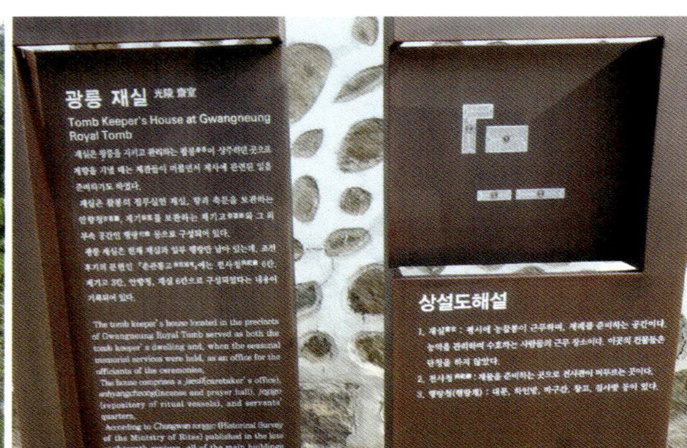

재실 설명문. 재실은 왕릉을 지키는 참봉이 상주하며, 제향시는 제관들이 제사 준비를 하던 곳이라고 함(19.09.28)

재실 모습. 아담한 기와집이다(19.09.28)

재실 은행나무 부부 모습. 왼쪽 숫나무로 가지가 위로 향함. 오른쪽 암나무는 아래로 쳐짐(19.09.28)

재실 동쪽 숲은 큰 버드나무들이 아름다운 숲을 이루고 있다(19.09.28)

오른쪽 향나무가 단아하게 생겼다(19.09.28)

하마비에서 재실에 이르는 길섶에 목련, 산딸나무 등을 식재. 좀 이채롭다(19.09.28)

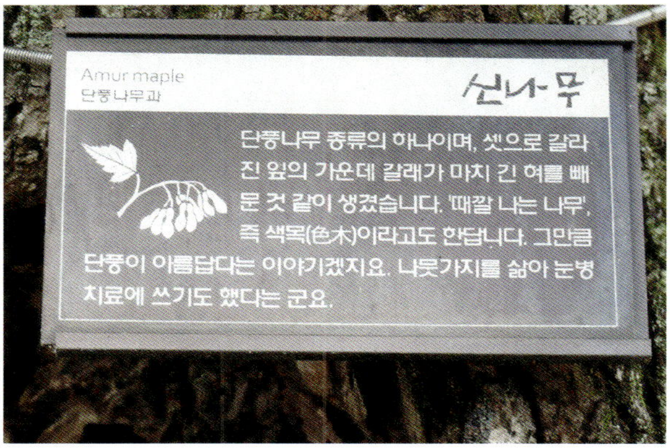

신나무 설명문. 왕릉에서 볼 수 있는 설명문은 쉽게 우리에게 다가온다. 신나무 단풍은 붉고, 아교목이다(19.09.28)

이 정도의 거목 신나무를 만나기가 쉬운 일이 아니다. 원줄기가 짤려 있다(19.09.28)

신나무 굵은 줄기가 병들어 가고 있다. 모든 생물은 태어나면 갈 수 밖에 없다(19.09.28)

하마비 서쪽에 왼쪽 잣나무, 그리고 줄기가 큰 세 주의 전나무가 서있다. 광릉숲은 이 두 수종이 주류다(19.09.28)

왼쪽 하마비(下馬碑)와 사적(197호)비(19.09.28)

복자기나무 잎. 삼출엽으로 가을에 붉게 단풍든다. 온대북부지역 자생식물. 광릉숲에 자생한다(19.09.28)

단풍나무 일종인 복자기나무 거목 줄기(19.09.28)

오래전에 베어진 전나무 그루터기(19.09.28)

죽은 나무 혼을 달래기 위해 작은 돌탑들을 쌓았다 (19.09.28)

잣나무 거목 줄기. 약간 붉은 색, 줄기 무늬가 소나무보다 상하로 길게 형성, 소나무와 비슷하다(19.09.28)

대형 전나무가 고사되어 수피가 다 벗겨져 있다(19.09.28)

피해 입은 나무가 쓰러진지 10여년이 지났지만 쉽게 분해되지 않는다(19.09.28)

2010년 태풍 콘파스로 1백년생 전나무와 잣나무가 피해를 입었다(19.09.28)

전나무 노목의 줄기. 전나무는 거의 줄기가 곧다(19.09.28)

베어진 전나무 그루터기(19.09.28)

전나무 그루터기를 보금자리 삼아 어린 나무들이 살아가고 있다. 자연은 쉼 없이 연속된다(19.09.28)

서어나무 중경목 줄기. 줄기는 회색이며 밋밋하고, 근육처럼 울퉁불퉁하다(19.09.28)

줄기가 둘로 갈라져 조각품 같은 고목 잣나무(19.09.28)

전나무 뿌리목 줄기(19.09.28)

광릉 가는 탐방로는 거목의 전나무와 잣나무가 호위무사(19.09.28)

대경목 두주의 잣나무가 키 자랑중(19.09.28)

대경목 전나무 세 주가 모여 있다(19.09.28)

고로쇠나무 어린나무잎을 벌레에게 육신보시를 했다(19.09.28)

베어진 전나무 뿌리목 직경이 40cm에 이르고, 나이테가 1백년생임을 보여준다(19.09.28)

2. 광릉(光陵)숲

광릉은 조선 7대 세조(世祖; 1417~1468, 재위 1455~1468)와 정희왕후(貞熹王后, 1418~1483)를 모신 능이다. 서쪽이 세조릉, 작은 계곡 건너 동쪽에 정희왕후릉이 자리하고 있다.

재실뒤로 줄기가 붉은 키 큰 소나무가 뚜렷하게 보인다. 줄기 굵기가 대경목 수준은 아니고 중경목 수준이다. 줄기가 가늘고 키만 늘씬하며. 줄기가 기울러진 나무도 있다. 또한 줄기가 두 개 이상으로 갈라진 나무도 있었고, 키에 비해 수관폭이 좁다. 기형적인 소나무이다. 소나무 밀도가 높아 콩나물처럼 자란 나무를 옮겨와 간격을 띄워 식재하니, 나무들 단점이 들어난 다는 것이다. 나무가 더 자라도 단점을 극복하기는 쉽지 않을 것이다.

능뒤로 세조릉은 잣나무와 전나무, 정희왕후능은 소나무가 자라고 있다. 세조릉 서쪽은 잣나무와 전나무를 식재하였고, 세조릉과 계곡까지는 활엽수 숲, 계곡에서 정희왕후릉까지는 큰 소나무숲이고 정희왕후릉에서 비각까지는 잣나무 숲, 비각뒤에는 10 여주 전나무가 서 있었다. 전나무는 멀리서 바라보니 잎이 많이 떨어져 활력이 떨어진 것 같다. 세조릉에서 왕후릉까지 키가 3m 정도 되는 소나무 띠녹지가 되도록 심었다. 옛날부터 왕릉 주변에 송백(松柏), 즉 잣나무와 소나무를 심도록 하였다. 잣나무가 잘 자라는데 굳이 문제가 될 수 있는 소나무를 식재해야 되는지 모르겠다.

죽은 잣나무 수피가 모두 벗겨져 있다(19.09.28)

홍살문에서 바라본 정자각(19.09.28)

홍살문 오른쪽 숲에 여러주 대경목 전나무가 서 있다 (19.09.28)

정자각뒤로 여러 주의 노송이 보인다(19.09.28)

세조릉 서쪽 띠숲. 전나무와 잣나무가 어울려 있다 (19.09.28)

광릉은 두 능으로 나뉘어 있다(19.09.28)

세조릉 뒷면에서 잣나무들이 서 있다. 다른 능에서는 소나무이었는데. 본 지역은 잣나무가 능을 보호한다 (19.09.28)

세조릉 서쪽 띠숲. 전나무와 잣나무가 어울려 있다 (19.09.28)

세조릉 서쪽 숲띠 시작 지점에 거대한 전나무 2 주가 자리하고 있다(19.09.28)

정희왕후릉 동쪽 숲는 전나무가 주를 이룬다(19.09.28)

세조릉과 정희왕후 사이는 띠숲으로 연결됨. 대경목 소나무 아래에 소나무를 보식. 왜 소나무일까(19.09.28)

두 능을 연결하는 숲띠 중간에 얕은 계곡이 있고 대경목 잣나무 앞에도 소나무 식재(19.09.28)

정자각 동쪽에 키 큰 전나무가 서 있다(19.09.28)

대경목 전나무 뿌리목(19.09.28)

까치박달나무 잎. 서어나무의 사촌이지만 잎밑이 잘록하게 들어간 것이 특징. 엽맥은 나란하다(19.09.28)

까치박달나무 과수. 열매 껍질이 층층이 포개져 있다(19.09.28)

대형 전나무앞에 잣나무를 식재(19.09.28)

대경목 전나무 동네(19.09.28)

느티나무(왼쪽)와 졸참나무(오른쪽)의 뿌리목 줄기 모습(19.09.28)

당단풍나무 어린나무들. 당단풍나무 잎은 9~11개로 갈라짐(19.09.28)

전나무와 단풍나무류 등이 어울어진 왕릉숲 길(19.09.28)

어린 전나무는 극음수로 줄기보다 곁가지 생장이 더 잘되는데, 전체 잎의 양은 같다(19.09.28)

제8부

홍유릉숲

제8부
홍유릉(洪裕陵)숲

홍유릉은 대한제국의 고종황제와 순종황제의 능이다. 남양주시에 위치한다. 정문으로 들어서면 왼쪽으로 홍릉이 조성되어 있고, 연지를 지나 오른쪽으로 가면 유릉에 이르게 된다. 대한제국 황제들 능으로 조선조 왕릉과는 석물, 특히 동물 석물이 크게 다르다.

1. 연지(蓮池) 주변숲

현장 해설판 설명에 의하면 홍릉을 조성할 때 작은 연못을 크게 확장시켰으며 원형(圓形) 연지인 것이 특징이라고 한다. 연지 주변에는 지금까지 다른 연지에서 볼 수 없었던 거목의 나무들이 서 있다. 연지 조성시 함께 심은 나무일 것이다.

대경목의 소나무, 오리나무 이외에 잣나무, 전나무, 독일가문비나무, 스트로브잣나무, 능수벚나무, 주엽나무 등의 거목이 자라고 있다. 외래종인 독일가문비나무와 스트로브잣나무 식재가 특이하다. 독일가문비는 주로 유럽에서 생육하고, 스트로브잣나무는 미국 동부 아팔라치안산맥 지역에 자생하는 나무이다.

우리 공공지역에 1백년전에 이런 외국종과 우리나라 자생 수종을 함께 심은 일은 대단한 선견지명을 가졌던 조상님들 덕이다. 이런 나무들을 함께 심어 우리 환경 적응여부를 시험하는 일은 매우 중요하다. 특히 지구온난화가 현저한 오늘날은 더욱 중요하다. 일본 토쿄(東京) 신츄쿠교엔(新宿御苑)을

1906년에 조성할 때 단풍버즘나무, 히말라야시이다, 튜립나무, 낙우송 등의 외래수종을 시험삼아 식재한 나무들이 오늘날 훌륭한 표본목 역할을 하고 있다.

홍유릉 정문에서 연지로 드는 탐방로변 오른쪽에 독일가문비나무를 가로수처럼 줄나무로 식재한 것이 이채롭다. 다른 한쪽에는 전나무를 줄나무로 식재하였는데 생장이 양호하지 못하였다. 이 지역에 식재한 나무들중 스트로브잣나무 생장이 가장 양호하였다. 담장쪽 나무는 키가 커서 다른나무들을 내려다 보고 있다. 생장이 좋지 못한 나무는 독일가문비나무, 전나무이었다.

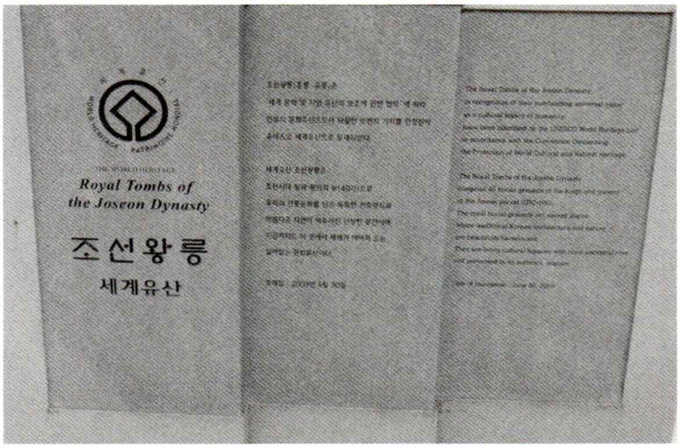

홍유릉은 조선조 왕릉 40기중 하나로 유네스코 세계문화유산으로 등록된 장소(19.05.15)

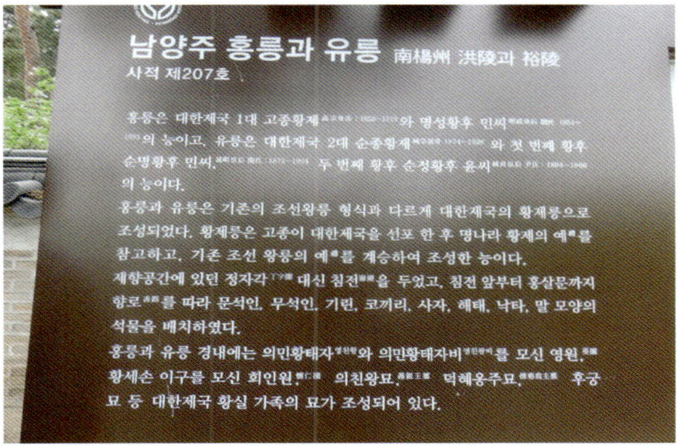

홍유릉은 대한제국 고종황제와 황후(홍릉), 순종황제와 황후(유릉)릉이다. 또한 경내에 황실 가족 묘를 조성(19.05.15)

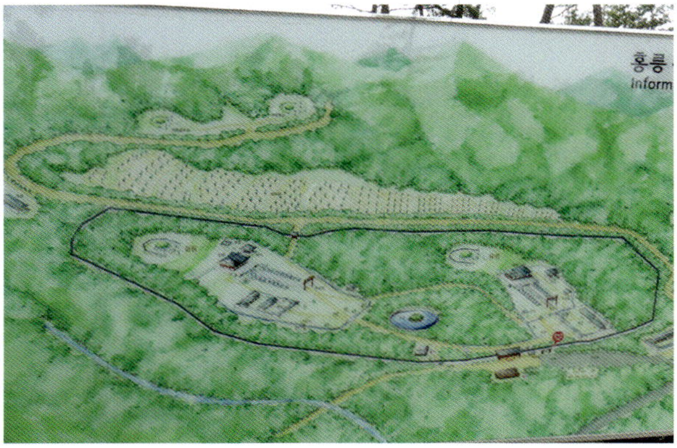

검은 선내에 홍유릉, 경계선 북쪽에 황실 가족묘가 조성됨(19.05.15)

정문 왼쪽에 홍릉, 오른쪽에 유릉. 홍릉 아래에 연지가 조성되어 있다(13.03.31)

연지 주변숲에는 대한제국 당시의 외국 수종도 식재하었다. 왼쪽이 독일가문비나무, 오른쪽 능수벚나무(13.03.31)

능수벚나무 잎이 푸르러지자 독일가문비나무가 초라해졌다(19.09.28)

스트로브잣나무 솔방울이 전년도 가지에 달렸다. 솔방울 내 종자는 잣종자가 아니고 소나무종자이다(19.09.28)

스트로브잣나무 솔방울 모습(오른쪽). 왼쪽은 청솔모가 벗겨 놓은 잣나무 솔방울(19.09.28)

스트로브잣나무 생장속도가 다른 나무들 보다 빨라, 키다리 아저씨가 되었다(19.09.28)

대경목 스트로브잣나무 모습. 1백년 가까운 나이지만 혈기가 왕성하다(19.09.28)

대경목 스트로브잣나무 뿌리목 줄기 모습. 소나무와 같은 세로무늬가 소나무보다 더 길다(19.09.28)

스트로브잣나무는 잎이 5개씩 나서 잣나무, 종자는 소나무다. 미국 동부 아팔라치안 산맥이 자생지(19.09.28)

왼쪽 스트로브잣나무, 오른쪽 잣나무(19.09.28)

왼쪽 스트로브잣나무, 오른쪽 독일가문비나무. 전자가 우리 국토에 적응성이 더 좋다(19.09.28)

독일가문비나무 잎. 가문비나무 계통으로 중부 유럽에서 자생. 독일에서 1천년전부터 식재해 옴(19.09.28)

대경목 독일가문비나무 수형. 나이가 들면 가지와 잎이 쳐진다(19.09.28)

산속에 조림되었을때의 독일가문비나무 모습. 수관폭이 좁아 면적당 주수가 많아 조림용으로 적당(19.09.28)

왼쪽 독일가문비나무, 오른쪽 소나무 줄나무(19.09.28)

두주의 독일가문비나무(19.09.28)

왼쪽 독일가문비나무, 오른쪽 스트로브잣나무 (19.09.28)

전나무 거목(19.05.15)

피해 입은 전나무 벌채목(19.09.28)

왼쪽 독일가문비나무, 오른쪽 전나무의 줄나무 (19.09.28)

전나무 중형목. 생장이 활발하다(19.09.28)

피해 입은 잣나무로 벌채된 나무 뿌리목. 속이 썩어 비어 있다(19.09.28)

잣나무 설명문. 잣이 열리는 유일한 나무로 우리나라 중부 이북 자생(19.09.28)

피해입은 잣나무를 벌채중이다(19.09.28)

오른쪽 잣나무와 중앙과 왼쪽 소나무(19.09.28)

장령 소나무 집단(13.03.30)

소나무가 줄기가 약간 굽었고, 수관폭이 매우 좁다
(13.03.31)

적송 세 주(19.09.28)

오리나무 해설판. 식물학적인 내용뿐만 아니고 전통적인 활용 및 이용에 대해 설명(13.03.30)

오리나무의 초여름 경관(19.05.15)

잎이 나오기전 오리나무숲 경관(13.03.31))

보통 조선시대 연지는 방지, 섬은 원형이다. 이곳 연지는 연지나 섬이 모두 원형이다(13.03.31)

연지 주변에 자라고 있는 오리나무들과 한걸음 뒤에 있는 소나무들(13.03.31)

섬에 키 작은 소나무와 누운 소나무가 자라고 있다(19.05.15)

연지에 걸맞게 연이 심겨 있다(19.05.15)

연꽃이 속내를 보여 준다(19.09.28)

분홍빛의 연꽃도 있다(19.09.28)

주엽나무 줄기에 예리한 가시가 나온다(13.03.31)

능내의 거목 향나무(19.05.15)

누운향나무(19.09.28)

거목 향나무 줄기(19.09.28)

길 왼쪽 잣나무, 오른쪽 향나무(19.05.15)

대형목의 쪽동백나무(19.05.15)

쪽동백나무 잎과 꽃(19.05.15)

보리수의 꽃. 꿀이 많다(19.05.15)

히어리 잎과 꽃진후의 화서. 우리나라 특산식물오 환경부 법적 보호식물(19.05.15)

주차장 북쪽 은행나무. 너무 심하게 전정하여 고유 수형을 잃었다(19.09.28)

2. 홍릉(洪陵)숲

홍릉은 조선 26대이며, 대한제국의 황제인 고종(高宗; 1852~1919, 재위 1897~1907)과 명성황후(明成皇后, 1851~1895)을 모신 능이다.

능 후면과 좌우면을 대경목 소나무가 에워싸고 있다. 정자각이 침전으로 바뀐 건물 앞에 대경목의 향나무가 좌우에 자리하고 있다. 좌우 문무석 다음으로 신도, 어도를 따라 기린, 코끼리, 해태, 낙타, 말의 석상을 배치하였다.

능 주변에 식재한 소나무 대부분이 수피색이 붉고, 줄기는 대체로 곧지만, 나무자체가 비스듬히 서 있다. 우듬지는 모두 없어져 수관이 쟁반같이 편편하다.

1988년 5월 사진에 많은 어린나무가 식재되었다. 수형이 모범적인 나무는 많지 않았다.

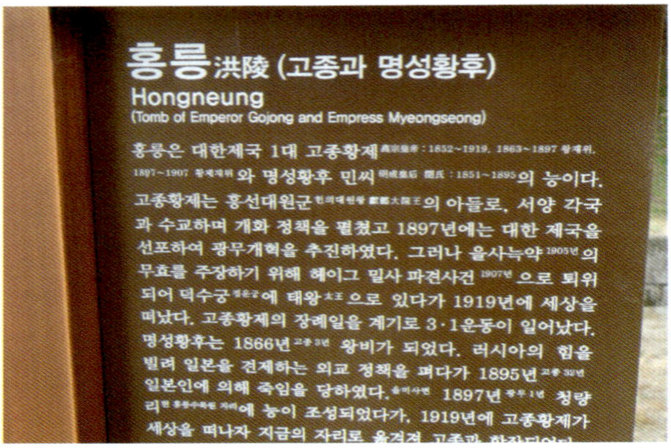

홍릉은 대한제국 초대 고종황제(1852~1919)와 명성황후(1851~1904)의 능(19.05.15)

홍살문내 침전과 소나무띠가 보인다(19.05.15)

홍유릉에서는 정자각 대신 침전이 세워졌다(13.03.30)

침전에서 홍살문을 바라보면 여러 동물 석물이 세워졌다(19.05.15)

해태 석상(19.05.15)

코끼리 석상(19.05.15)

체격이 날씬한 문인석(왼쪽)과 무인석(오른쪽)(19.05.15)

재실뒤 소나무 줄기가 곧지 못하다(19.05.15)

능역내 향나무. 수형이 단정하다(19.05.15)

능역을 에워싸고 있는 장령 소나무숲(19.05.15)

1988년 당시의 능 뒷면 소나무띠(88.05.12)

능 뒤의 소나무가 상당하게 자랐다(19.05.15)

능뒤 소나무띠(19.05.15)

능 서쪽 소나무띠(19.05.15)

능 동쪽 소나무띠(19.05.15)

1988년 당시 작은 소나무를 많이 심었다(88.05.12)

침전 뒤 소나무 수형이 형편 없다. 이런 나무를 소나무라고 끌고 갈것인지(19.05.15)

소나무숲속에 쪽동백 등 아교목 활엽수가 잘 자라고 있다(19.05.15)

비각뒤 소나무띠(19.05.15)

소나무숲속에 활엽수들이 간혹 보인다(19.05.15)

줄기가 곧은 잣나무 대경목들(19.05.15)

재실 뒤 소나무들 수형이 대체로 쟁반형(19.05.15)

3. 유릉(裕陵)숲

유릉은 조선 27대 순종(純宗; 1874~1926, 재위 1907~1910)과 순명왕후(純明王后; 1872~1904), 순정왕후(純貞王后; 1894~1966)의 능이다.

능 후면, 좌우에 장령목의 소나무가 애워싸고 있다. 소나무들의 수형이 홍릉보다 양호하다. 능 후면 소나무들은 줄기가 통직하고, 수피도 붉으며 수형이 양호하였다. 2013년 3월에 어린 소나무가 능주위 소나무숲에 식재되어 있었다. 일부에는 잣나무도 식재하였다.

능 후면에 이르는 내맥 능선에 서 있는 장령목 소나무가 모범적이지 못하였고, 어린 전나무가 많이 눈에 띄었다. 이 지역에 왜 전나무를 심었을까.

일부 소나무숲에 서어나무가 자라고 있어 소나무숲이 서어나무숲으로 변화하는 생태적 천이가 진행중이다. 그대로 유지하여 소나무–서어나무숲으로 변하게 할 것인지, 그렇지 않으면 서어나무들을 베어내어 소나무숲으로 유지할지를 신중하게 검토, 시행해야할 것이다.

재실 인근에 대형목의 잣나무가 눈을 끈다. 능주변에 송백류인 소나무와 잣나무가 함께 심겨져 있음을 확실하게 알 수 있다.

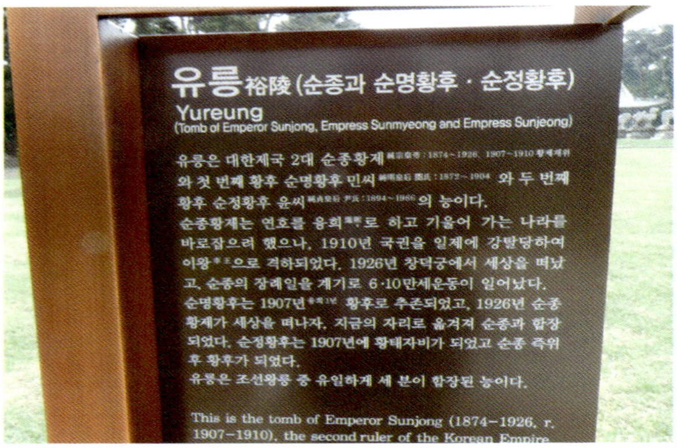

유릉은 대한제국 2 대 순종황제(1874~1926)와 첫번째 순명황후, 두번째 순정황후의 합장릉(19.05.15)

재실뒤의 소나무숲(19.05.15)

상설도 해설판에 동물의 석물 이름이 기록됨(19.05.15)

대경목 소나무 두주(19.05.15)

어정을 둘러싸고 있는 소나무띠(19.05.15)

수복방 뒤로 소나무숲 하부에 활엽수들이 잘 자라고 있다(19.05.15)

재실 뒤로 대경목 소나무숲(19.03.31)

홍살문 안 침전뒤로 큰 소나무가 보이지 않는다 (19.05.15)

홍살문 안으로 들어와야 침전 뒤 소나무띠가 보인다 (13.03.31)

침전 서쪽 석물상(19.05.15)

침전 동쪽 석물상. 안쪽으로부터 기린석, 코끼리석, 사자석, 해태석, 낙타석, 석마(19.05.15)

문인석과 무인석이 홍릉에 비해 체격이 크다(19.05.15)

석마석(13.03.31)

석마 양다리 중앙에 난초를 양각으로 조각하였다 (13.03.31)

낙타석(19.05.15)

능뒤에서 바라본 안산인 수리봉(356m)(13.03.30)

능뒤를 둘러싼 소나무띠(13.03.30

능 서쪽 소나무숲띠에 잣나무들을 많이 식재하였다(13.03.30)

능뒤 조산에서의 내맥 지형에 소나무들이 보전되었다. 오른쪽으로 전나무가 여러 주 식재되었다(13.03.30)

능뒤로 장령 소나무숲이 보인다. 수형이 불량한 소나무가 많다(13.03.31)

재실문 밖 향나무들(13.03.12)

잣나무(왼쪽)와 소나무 대형목(19.05.15)

적송들(19.05.15)

소나무숲속에 잣나무가 식재된 것이 흔하다(13.03.30)

능에서 흔히 볼 수 있는 금천교. 이승과 저승 길을 갈라 놓는 다리라 함(13.03.30)

침전앞 대형 향나무(13.03.31)

능 동쪽 소나무 숲(13.03.31)

재실 소나무숲 뒤 산은 조산일까. 조산은 천마산(810m)이다(13.03.31)

제9부

융건릉숲

제9부
융건릉(隆健陵)숲

융건릉 유역 면적이 상당하게 넓다. 두 왕릉이 독립적인 영역에 조영되어 있다. 왕릉사이에 능선이 있고, 능선 동서로 개천을 끼고 있는 넓은 평지의 계곡이 펼쳐져 있다. 습지이었을 계곡에 지금도 오리나무숲을 볼 수가 있다.

1. 정문~융릉 남쪽 길숲

능 정문을 통과하여 재실에 들르면 천연기념물로 지정된 개비자나무를 볼 수 있다. 줄기가 세 개로 갈라졌다. 비자나무 비슷하지만 잎끝이 바늘잎처럼 찌르지 않고, 또한 잎뒷면이 흰색인 것이 비자나무와 다르다. 비자나무는 전북 내장산이 분포 한계선이다. 내장산 내장사 원적암 앞에 식재한지 6백년된 비자나무가 분포 한계선으로 천연기념물로 지정되어 있다. 개비자나무는 계룡산이 분포 한계선이다. 관목이고, 수원 가까운 이곳에 살고, 나이가 많아 천연기념물로 지정된 것 같다.

홍보관을 지나면, 서로 일정 간격으로 떨어져 있는 대경목 소나무들이 탐방객을 맞이 한다. 줄기는 크게 굽지 않았으나 오래전에 줄기 꼭대기 부분에 있는 우듬지가 짤려나가 곁가지들이 많이 자라 나와 수관이 넓어졌다. 아울러 상수리나무 3 주가 독립적으로 서 있다. 융건릉 숲에 유난히 상수리나무가 많은 것은 도토리를 일부러 식재하였기 때문으로 추정된다.

융릉과 건릉 탐방로가 갈라지는 지역은 능선부로서 소나무숲이다. 동쪽으로 융능, 서쪽으로 건릉, 북쪽으로 산길로 갈라지는 사거리이다. 소나무들의 절반은 줄기가 곧고, 절반은 굽었다. 줄기가 붉은 소나무, 적송(赤松)도 보인다. 특이하게도 줄기 윗부분에서 2~5개 줄기로 갈라진 소나무도 보인다. 나무가 기우러진 것도 있다.

소나무들이 불완전한 구조로 숲을 이루고 있다. 수관층을 올려다 보면 소나무마다의 수관층 넓이 차이가 많이 난다. 줄기가 갈라지고, 굽고, 비스듬하거나, 곧은 나무들이 어울리다 보니 각 나무들이 생육공간을 제대로 확보하지 못하여 불완전한 숲의 구조를 이루게 된다.

소나무숲과 함께 상수리나무와 갈참나무가 주를 이루고 있는 참나무숲도 있다. 이런 숲에서 대경목의 서어나무도 볼 수 있다.

융릉 가까운 저지대에는 오리나무숲이 자리하고 있다. 대경목인데, 자연상태로 자라나 성글다. 습지는 아니고, 토양이 습한 상태로 나무마다 생육면적이 넓어 수관폭이 넓다.

모든 왕릉은 풍수지리에 의하여 명당에 입지한다. 주산에서 내맥이 건릉, 융릉, 원찰 용주사로 연결된다(12.09.19)

나이 든 향나무가 가지가 다 짤리고 서쪽 가지만 남아 있다(12.09.19)

재실 안마당에 천연기념물로 지정된 개비자나무가 살고 있다(19.10.31)

잘 생긴 상수리나무가 참나무풍뎅이 침입 방지용 비닐을 둘러쓰고 있다(12.09.19)

참나무풍뎅이 침입이 이루어져 톱밥같은 나무가루가 흘러 내렸다(12.09.19)

새로 식재된 소나무 수형도 좋지 못하고 생장도 신통치 않다(19.19.31)

길 양옆으로 대형목 소나무들이 탐방객을 맞이한다. 줄기가 굽은 나무가 많다(12.09.19)

수관층을 나무마다 어느 정도 공간분할을 하였다(12.09.19)

융건릉숲에서 볼 수 있는 자생식물 사진이 2012년에 는 있었으나 현재는 볼 수 없다(12.09.19)

상수리나무와 갈참나무가 주 수종인 참나무숲 (19.10.31)

소나무와 공생하는 산철쭉(19.10.31)

소나무나 참나무숲에서 흔히 볼 수 있는 아교목층의 때죽나무(19.10.31)

대형목의 물푸레나무(19.10.31)

상수리나무숲. 자연상태에서는 보기 힘든데, 이들은 옛부터 구황식물로 심었다(19.10.31)

상수리나무 수관층 모습. 나이가 비슷한데 옛부터 심고 관리하여 가축식물이라고도 한다(19.10.31)

소나무나 참나무숲에서 흔히 볼 수 있는 아교목층의 때죽나무(19.10.31)

오리나무 집단생육지(19.10.31)

소나무숲. 너무 밀하여 줄기가 키에 비해 가늘다. 줄기도 많이 굽었다(19.10.31)

줄기가 굽은 소나무가 몰려 있다(12.09.19)

소나무 뿌리는 천근성이라 쉽게 지상부에 노출된다 (19.10.31)

산뽕나무 잎이 단풍이 들기 시작했다(19.10.31)

산뽕나무위로 오리나무가 삐죽하게 자라고 있다 (19.10.31)

2. 융릉(隆陵)숲

융릉은 정조의 아버지이자, 추존왕 장조(莊祖, 1735~1762, 사도세자)와 헌경왕후(獻敬王后, 1735~1815, 혜경궁 홍씨)를 모신 능이다.

금천교를 넘으면 양쪽에 전나무가 수문장처럼 서 있다. 뒤로 오리나무와 물오리나무가 함께 서 있다. 물오리나무는 지난 1960~1970년대에 우리나라에서 벌거숭이 산 녹화와 사방공사 지역의 척박한 장소에 심었던 수종이다. 오리나무는 나이가 많았고, 물오리나무는 10~15년전에 작은 면적에 집중 식재하였다. 왜 심었을까? 물오리나무와 오리나무를 구분하지 못했거나, 알고서 오리나무와 비교하려 심었을 것이다. 금천교를 지나면 서쪽으로 연지(蓮池)와 만난다.

연지를 곤신지(坤申池)라고 하는데, 원형으로서 조성 경위를 안내문이 일러준다.

1790년에 조성되었고, 융릉에서 남서쪽으로 처음 만나는 생방(生方; 능에서 처음 보이는 물)으로 길지(吉地)인 곳에 곤신지를 조성하였다고 한다. 연지인지라 월동할 연들을 관리하고 있었다. 연지 남쪽 작은 개천가에 열매가 흰 작살나무를 줄나무로 식재하였는데 독특하다. 분홍 열매 작살나무도 일부에 함께 심어 놓았다.

정자각에서 바라다 보이는 능후면은 장령목 소나무들이지만 줄기가 굽은 것이 많다. 하층에 어린 소나무가 식재되었다. 능 서쪽은 능에서 정자각까지의 구간중 상단부는 소나무와 잣나무가 함께 자라고 있다. 이곳에서 능과 가까운 지역에는 어린 소나무가 식재되어 후면의 키 큰 참나무숲과 이단림을 형성하고 있었다. 언젠가는 소나무가 참나무보다 커지겠지. 꿈이 너무 야무진가?

능 동쪽으로는 능에서 비각까지의 거리중 반 정도 상부는 키 큰 소나무들, 하부는 어린 소나무가 참나무숲과 이단림을 형성하고 있었다. 새로 식재한 소나무중 불량한 나무들이 많았다. 빨리 교체해야될 것이다.

수라간 뒤로 키 큰 오리나무가 여러 주 자라고 있다. 그런데 홍살문 동서쪽으로 가래나무를 줄나무로 많이 심었다. 현재 키가 4~5m로서 5~6년전에 심은 것 같다. 가래나무를 여기에 무슨 의미로 심었을까? 아무 의미가 없다면 옮겨야 한다.

융릉으로 들어서는 금천교(禁川橋) 너머 양쪽 전나무가 수문장을 역할한다(12.09.19)

대형 오리나무(19.10.31)

오리나무 터널끝에 홍살문이 자리하고 있다(19.10.31)

상수리나무 군락(19.10.31)

중앙에 물오리나무, 양옆에 오리나무가 대조를 이룬다(19.10.31)

물오리나무 잎. 오리나무에 비해 잎이 짧고 타원형에 가깝다. 물오리나무는 건조지역에서도 잘 산다(19.10.31)

오리나무 잎. 물오리나무에 비해 길이가 길고 폭이 좁다(19.10.31)

물오리나무 집단 생육지. 오리나무로 잘못 알고 식재한 것 같다(19.10.31)

원형의 곤신지(坤申池) 전경으로 연지(蓮池)이다(19.10.31)

잘 생긴 오리나무가 곤신지를 내려다 보고 있다(19.10.31)

흰작살나무의 수벽(19.10.31)

열매가 하얀 작살나무(19.10.31)

작살나무 열매는 보라색이다(12.09.19)

곤신지 연이 겨울채비를 하였다(19.10.31)

오리나무가 독립수인지라 줄기에 잔가지가 많이 나와 있다(19.10.31)

홍살문 안쪽에서 바라본 융릉 전경. 능 뒤와 동쪽은 소나무, 서쪽은 참나무숲이 에워 싸고 있다(12.09.19)

능 뒤로 소나무가 촘촘이 자라고 있다. 수형이 불량한 나무들을 정리할 필요가 있다(12.09.19)

능 동쪽으로도 장령목의 소나무들이 띠를 이루고 있다(12.09.19)

능 뒤 소나무숲속에 어린 소나무들이 식재되었다(19.10.31)

소나무숲이 능을 포근하게 잘 감싸고 있다(19.10.31)

능 서쪽은 참나무숲이고, 일부 지역에 잣나무가 식재되어 있다 (12.09.19)

잣나무들은 크기로 보아 삼십년 이상의 나이를 가졌다(19.10.31)

활엽수림은 수라간 뒤까지 연결되었다(12.09.19)

잣나무들 아래로 새롭게 소나무가 식재되었다. 계획에 따라 식재하였겠지(19.10.31)

수라간 뒤로 오리나무와 잣나무가 보인다(19.10.31)

홍살문 좌우로 가래나무가 심겨 있다. 다른 왕릉에서 볼 수 없었는데, 식재 근거가 있을까(19.10.31)

3. 융릉~건릉간 북쪽 길숲

융릉 수라간 북쪽에서 건릉으로 향하는 길이다. 능선부에 넓게 소나무숲이 위치하고 있다. 소나무중 일부는 토양침식으로 뿌리가 노출되어 있었다. 소나무 밀도가 높고, 일부 소나무들은 줄기가 갈라졌으며, 어떤 나무들은 뱀처럼 심하게 굽은 나무도 볼 수 있었다. 줄기가 굽은 소나무가 ⅓정도 되었다.

건릉으로 가는 길 서쪽 사면은 졸참나무, 상수리나무, 산벚나무들이 섞인 낙엽활엽수숲이었다. 이곳을 지나면 저지대인데, 1969년 5월 융건릉을 찾았을 때 이 지역을 지난 것이 생각난다. 이 곳은 습지이었고 습지가에 보라색꽃이 핀 붓꽃이 너무 매력적이었던 것이 생각난다.

지금은 습지가 없어졌고, 밭으로 사용중이다. 일부 지역은 어린 소나무들을 양묘하고 있었다. 어린 소나무 지역은 수령이 4년생 정도인데, 때 맞추어 이식을 하지 않아 생장에 지장을 주고 있었다. 키가 3~4m인 중경목 소나무는 여러 나무가 수형이 불량하고, 우듬지가 없으며, 경사진 줄기와 수관폭이 넓은 소나무가 많은데, 산에 심기 위해 가이식 상태이다. 언짢은 말이지만 현장에 심어서는 안 되는 나무들이다.

양묘장에서 산으로 더 들어가면 소나무 식재 안내판이 서 있다. 2017.4.13.~2017.6.11.까지 리기다소나무와 일본목련 2,535주를 베어내고, 소나무 330주를 심었다고 한다. 아직도 키 큰 리기다소나무와 어린 일본목련이 남아 있어 장기간 작업이 이루어져야할 것 같다.

건릉으로 가는 길로 능선부에 접어들면 밀도가 높은 소나무숲을 만난다. 70%정도의 소나무가 불량한 나무들이다. 식재된 어린 소나무도 볼 수 있다. 많은 소나무가 줄기가 굽고, 비스듬한 나무가 심겨 있다. 이런 소나무는 심지 말아야 한다. 간간이 줄기가 짤린 소나무도 보인다. 대체로 키가 3m정도로 곁가지가 많이 나왔다.

소나무숲이 끝나면 평지로서 상수리나무, 갈참나무의 참나무숲을 볼 수 있다. 상수리나무 밀도가 높은 것으로 보아 도토리를 심어 키운 숲이다. 밀도가 높으면 나무 굵기가 커지지 않는다. 절반 정도 나무를 솎아내야 한다. 돼지 우리에 새끼 돼지가 많으면 잘 자라지 않아 반 정도를 다른 곳으로 보내는 방법은 알면서 나무에는 적용을 왜 하지 않는지 모르겠다.

탐방로 입구에 식재된 가래나무. 이 나무를 왜 심었을까(19.10.31)

탐방로가 능선으로 접어 들면서 소나무숲을 만난다. 밀도가 높고 줄기들이 굽은 나무가 많다(12.09.19)

수관층을 소나무들이 세력에 따라 나무마다 크고, 작게 차지하고 있다(12.09.19)

대체로 수형이 양호한 소나무들이다(19.10.31)

수고가 4m 정도되는 음나무 잎에 아직 단풍이 들지 않았다(19.10.31)

참나무풍뎅이 공격에 대비하여 비닐막을 둘러 쓴 상수리나무(12.09.19)

소나무 몇 주가 지상 3m에서 우듬지가 짤려 키가 자라지 못하였다. 왜 이런 일이 생겼을까(19.10.31)

능선 서쪽 경사지역은 갈참나무와 졸참나무숲이다(19.10.31)

갈참나무 잎(19.10.31)

붉나무 단풍이 이처럼 붉어 붉나무라고 부른다. 옻나무과임에도 사람에게 옻알레르기가 없다(19.10.31)

넓은 계곡부 평지는 밭으로 사용하고 있다. 이곳은 일부가 1969년에는 습지이었다(19.10.31)

평지 언저리에는 습윤하여 산벚나무 등이 살고 있다(19.10.31)

밭에 파종하여 자라난 소나무로 4년생이다. 밀도가 높아 솎을 필요가 있다(19.10.31)

이식한 소나무로 가지를 솎는 등 관리가 되지 않아 수관이 큰 기형 소나무가 되었다(19.10.31)

길 옆 소나무들이 기괴하게 생겼다(19.10.31)

숲 한 지역에는 칡 세상이 되고 있다(19.10.31)

리기다소나무가 줄지어 서 있다(19.10.31)

2017년 리기다소나무, 일본목련 등을 2,535주 베어내고 소나무 330주를 식재하였다는 표석(10.10.31)

리기다소나무 거목 독립수(19.10.31)

리기다소나무는 줄기에서 맹아가 나온다. 소나무는 이런 현상이 없다(19.10.31)

2017년에 식재된 소나무. 수형이 우량하지 않다(19.10.31)

건릉으로 향하는 길은 다시 능선부에서 소나무숲을 만나게 된다. 수형이 모범적이지 못하다(19.10.31)

줄기가 요란하게 굽은 소나무숲(19.10.31)

계곡부에 접어들면 상수리나무숲을 만나는데 수령이 거의 비슷하다(19.10.31)

생강나무 단풍이 곱게 들었다(19.10.31)

개천은 자연 모습이 유지되고 있다(19.10.31)

4. 건릉(健陵)숲

건릉은 조선 22대 정조(正祖; 1752~1800, 재위 1776~1800)와 효의왕후(孝懿王后, 1753~1821)가 모셔진 능이다.

능뒤로 키가 크지 않은 장령목 소나무들이 서 있는데, 줄기가 갈라진 나무들이 많아 숲이 안정되지 못하다. 하층에 어린 소나무가 식재되어 있다.

능에서 서쪽 수라간까지 거리의 절반정도 상부는 어린 소나무들로 뒤의 상수리나무 키의 ⅓ 수준이다. 심은 소나무들 줄기는 많은 나무들이 붉다. 그러나 대부분 줄기가 굽고, 가지가 많아 수관폭이 넓은 소나무들로서 커져도 상수리나무 수형을 쫓아가지 못할 것 같다. 정자각~홍살문~금천교까지 밀도가 높은 상수리나무숲이다. 관리가 필요한 숲이다.

건릉에 드는 길이 온통 상수리나무이다(19.10.31)

홍살문이 보이건만 길섶숲은 온통 상수리나무뿐이다(19.10.31)

홍살문 밖과 양쪽면이 키 큰 상수리나무들이 점유하고 있다(12.09.19)

정자각 뒤로 보이는 능을 소나무숲이 에워 싸고 있다(12.09.19)

능 주위를 20~30년생의 젊은 소나무들이 에워싸고 있고, 하부에 어린 소나무가 식재됨(19.10.31)

정자각과 수라간의 서쪽 사면은 참나무들이 띠를 이루고 있다(19.10.31)

비각뒤로도 참나무숲이다(12.09.19)

능침에서 비각에 이르는 띠숲은 상부는 소나무와 잣나무, 하부로는 참나무숲 이었음(19.10.31)

능침 동쪽 소나무숲은 절반 정도가 잣나무로 구성되어 있다(19.10.31)

정자각에서 홍살문에 이르는 서쪽 사면은 상수리나무숲이다(19.10.31)

능침에서 서쪽 경사면 초입지역 소나무숲은 수형이 불량한 나무가 대부분(19.10.31)

줄기 생김이 요란한 나무가 숲 가장자리에서 존재를 과시한다(19.10.31)

정자각 서쪽숲도 소나무 한 주를 제외하고는 모두 상수리나무뿐(19.10.31)

홍살문을 나설때 소나무는 길 양옆의 두 주뿐이다(19.10.31)

5. 건릉~정문 길숲

건릉쪽에서 정문으로 향하는 길은 처음에는 평지이고, 다음에는 능선부 길이다. 처음 평지길은 상수리나무-갈참나무숲이다. 능선부 길숲은 소나무숲이다. 상수리나무-갈참나무숲에서 상수리나무들 키가 크고, 줄기가 곧으며 나무 젓가락을 꽂아 놓은 모양이다. 그런데 이 숲의 밀도가 너무 높아 줄기가 굵어지는 생장이 잘 안될 것 같다. 수관층을 올려다 보면 나무마다 수관폭이 좁아 빈 공간이 많았다.

능선부 지역으로 들어 가기전 개천이 보인다. 자연형 개울로 유지되고 있으며, 개천 인근에 중경목의 오리나무들이 자라고 있다. 정문이 가까워진 능선에 소나무들이 숲을 이루고 있다. 줄기가 굽고, 가느다란 나무가 많은데 밀도가 높아 잘 굵어지지 않는 것이다. 수관층이 무질서하고 소나무들 우듬지가 일찍 짤려나가 가지가 많으며 수관폭도 넓다.

융건릉 지역 주변이 광활한 농경지로 집을 짓는데 필요한 기둥과 서까래를 융건릉에 의지할 수밖에 없었다. 단속을 피해 밤마다 허가 받지 않은 벌채가 이루어질 수 밖에 없었다. 나라를 일본에 넘겨 주거나, 공산당 침략에 정부가 먼저 피난가는데 국민의 삶은 누가 책임을 지겠는가. 국민은 각자도생이다. 이렇게 되어 소나무숲에 쓸모없는 나무만 남았다. 근 1백년의 역사를 부정할 수 없다. 이제 먹고 살만하니 소나무숲을 1백년 이전의 멋진 상태로 바꾸어야할 때이다.

건릉 홍살문을 나오면 상수리나무숲을 만난다 (12.09.19)

갈참나무 같은데 시들음병 방지막을 두루고 있다 (12.09.19)

밀도가 낮고 관목층이 관리된 상수리나무숲(12.09.19)

밀도가 높은 상수리나무숲(19.10.31)

상수리나무숲 수관층 모습. 줄기가 곧고 수관폭이 좁다(12.09.19)

상수리나무. 키가 거의 같고, 밀도가 낮아 빈 공간이 많다(19.10.31)

젊은 귀룽나무 두 주. 맹아 발생은 볼 수가 없다(19.10.31)

계곡부 개천으로서 자연스런 모습. 습지식물이 무성하다(12.09.19)

2019년의 개천 모습. 강우량이 그간 많았었는지 습지식물이 많이 사라졌다(19.10.31)

계곡부에 자라고 있는 오리나무들(19.10.31)

정문에 이르는 길 마지막 코스는 능선부로 소나무숲(12.09.19)

소나무숲 밀도가 높아 줄기 직경 생장이 안되는데 그대로 놔 두어야 할까(12.09.19)

줄기가 곧지 못한 소나무가 많다(19.10.31)

소나무 줄기가 어떻게 디귿(ㄷ)자 모양으로 되었을까(12.09.19)

소나무들이 각자 수관층을 점유하고 있다(12.09.19)

일찌기 우듬지가 짤려 나가 곁가지가 여러개로 자라나 엎어진 우산같다(19.10.31)

소나무 해설판. 학술적으로 하지않고 용도 위주로 십게 설명하여 참신하다(19.10.31)

소나무 줄기는 곧지만 줄기 끝 가지가 여러개로 갈라져있다(19.10.31)

제10부

여주 세종대왕 영릉숲과 효종대왕 영릉숲

제10부

여주 세종대왕 영릉(英陵)숲과 효종대왕 영릉(寧陵)숲

두 능의 정문이 따로 조성되어 있다. 서쪽에 英陵(영릉), 동쪽에 寧陵(영릉)이 위치한다. 동서의 두 릉은 두 개의 길로 연결되어 있다. 아래쪽 길이 영릉길, 위쪽 길이 왕의 길이다. 영릉길은 英陵 입구의 세종대왕 동상 뒤로 난길로 寧陵 정문까지 연결된다. 왕의 길은 英陵 비각뒤로 난 길로 寧陵 홍살문에 이르는 길이다.

英陵과 寧陵 유적정비공사가 2017.4.25~2020.9.10 까지 진행중이다. 필자는 2019년 5월에 방문하였을때는 두 길을 통해 다닐 수는 있었지만, 英陵 정자각 정비공사가 진행중이라 이길로는 영릉을 접근할 수가 없었다.

1. 영릉(英陵)숲

英陵은 조선 4대 세종(世宗; 1397~1450, 재위 1418~1450)과 소헌왕후(昭憲王后, 1395~1446)을 모신 능이다. 현장 설명문에 의하면, 영릉은 원래 서울 헌릉 서쪽에 조영되었던 것을 1489년에 여주로 옮겼다고 한다. 1975~1977년까지 세종전을 새롭게 짓고 경역을 정비하였다고 한다.

능 후면, 좌우면의 소나무 병풍 숲은 소나무로 연결되어 있으나, 많은 나무들이 나이가 어리고 줄기가 굽은 개체들이 많았다. 비각 뒤로 큰 전나무가 서 있다. 경내에 연지가 사각형 형태로 두 곳에 조성되어 있고 규모도 크다.

매년 4월이면 재실 서쪽 소나무숲에 식재한 진달래숲을 공개한다. 소나무숲 하층목으로 식재한 진달래숲으로서, 집단적으로 식재하여 개방시기에 방문하면 진달래꽃의 아름다움을 만끽할 수 있다.

영릉 정비공사를 하면서 英陵 입구에서 정자각에 이르는 길에 수형이 좋지 못한 팥배나무를 가로수처럼 식재하였다. 왜 이런 나무이고, 수형도 볼 품이 없을까? 또한 식재된 큰 소나무도 정말 불량한 소나무다. 한번 심으면 몇 백 년 갈 텐데 아직도 반복되고 있다.

왼쪽이 세종대왕(1397~1450)과 소헌왕후릉인 영릉(英陵), 오른쪽이 효종(1619~1659)과 인선왕후릉이 영릉(寧陵)(12.04.26)

영릉(英陵)과 영릉(寧陵)을 잇는 길은 둘이 있다. 아랫길이 영릉 숲길, 윗길이 왕의 숲길(19.05.23)

세종대왕릉은 종합정비공사(2단계)로 2017.04.25~2020.09.30 까지 출입제한이다(19.05.23)

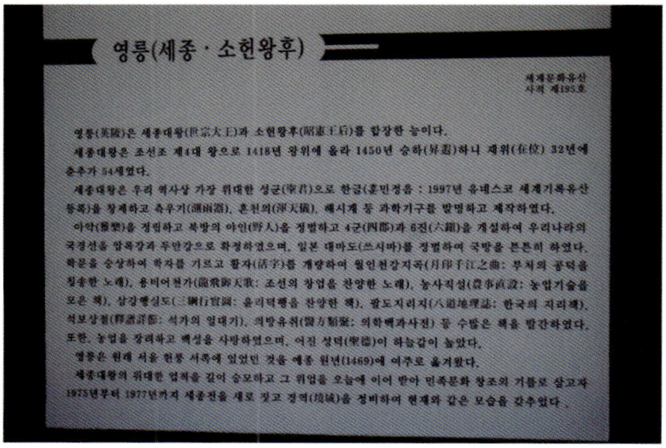

세종대왕릉인 영릉(英陵)은 세계문화유산이고, 사적 제195호이며 세종대왕 치적을 요약한 안내문(12.04.26)

영룡 정비공사로 왼쪽에 팥배나무를 가로수 형태로 식재. 전통수종으로 이 나무만 있을까(19.05.23)

정비공사로 낸 길섶엔 소나무대신 활엽수들이 꽉 차 있다(19.05.23)

정비공사중에는 세종대왕릉 출입은 여기까지이다. 왕의 숲길로 돌아가야 한다(19.05.23)

새롭게 식재한 소나무들 수형도 불량하다. 동구릉 등 수도권 왕릉 식재 소나무들 수형은 양호한데(19.05.23)

길섶에 오리나무가 서 있다(19.05.23)

소나무숲. 밀도가 너무 높아 간벌이 필요하다
(19.05.23)

홍살문을 들어가기전의 소나무길. 수형이 불량하다
(12.04.24)

귀룽나무 꽃이 많이 피었다(87.04.25)

귀룽나무 꽃(87.04.25)

비각뒤 소나무숲. 줄기가 굽고, 비스듬하다(19.05.23)

능 동쪽 소나무띠. 못 생긴 나무가 영릉을 지킨다
(19.05.23)

새롭게 식재된 소나무들의 수형은 우량하다(19.05.23)

이런 소나무들 수형을 후손에게 물려줄 것인지를 고민해야할 것이다(19.05.23)

1987년 당시에는 소나무의 어려 수형이 독자적으로 드러나지 않았다(87.04.25)

능 뒤 소나무들 줄기가 굽어 있는 것이 드러났다(19.05.23)

문인석 뒤의 소나무들도 생김은 마찬가지다(19.05.23)

내맥 지형에 소나무들이 가득하다(19.05.23)

영릉 안산이 멀리 보인다(87.04.25)

수라간 뒤로 전나무 세 주가 서 있다(19.05.23)

이 지역에 새롭게 식재한 나무들도 줄기가 굽었다 (19.05.23)

연지 주변 소나무숲(12.04.26)

장령 소나무숲. 수형이 양호한 소나무가 많지 않다 (12.04.26)

재실 뒤 소나무숲(12.04.24)

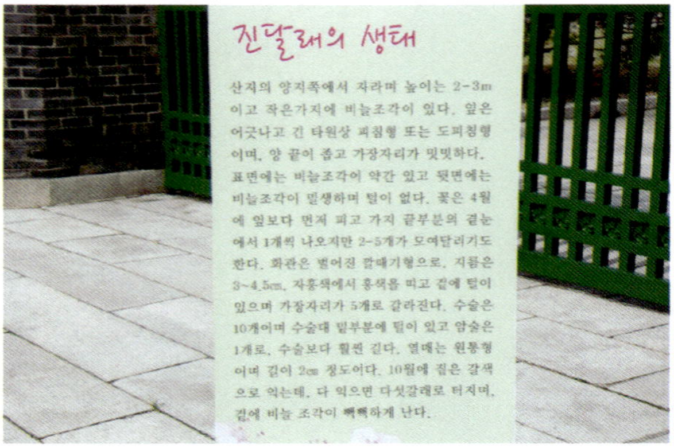

소나무숲에 진달래를 집중적으로 식재하여 진달래원을 조성. 진달래 생태 해설문(12.04.24)

소나무숲길 좌우에 진달래 군락지(12.04.24)

진달래 꽃이 탐스럽게 피었다(12.04.24)

진달래꽃은 수술 10개, 1개의 암술은 수술보다 훨씬 길다(12.04.24)

자연숲에서 진달래 밀도가 높은 일은 흔하지 않다. 식재하였기 때문에 밀도가 높은 것이다(18.04.24)

길섶의 진달래(12.04.26)

귀룽나무 꽃이 피기 시작했다(12.04.24)

단풍나무들도 꽃피기 시작했다(12.04.24)

노송과 진달래(12.04.24)

2. 영릉(寧陵)숲

寧陵은 조선 17대 효종(孝宗; 1619~1659. 재위 1649~1659)과 인선왕후(仁宣王后, 1618~1674)를 모신 능이다. 인선왕후릉을 효종대왕릉 앞쪽 낮은 곳에 조성하여 동원상하(同原上下) 형태로 조영되어 있다.

재실 기본 형태가 잘 남아 있어 보물로 지정되어 있다. 재실내 회양목은 천연기념물로서 수령이 3백년 이상이라고 해설판은 설명하고 있다. 향나무 거목 몇 주가 재실내 자라고 있다.

재실에서 寧陵에 이르는 길섶에 소나무 대경목이 성글게 서 있다. 나무들이 줄기가 경사지거나, 굽거나, 수관폭이 넓은 소나무뿐이고 수령도 40~60년 정도의 장령목뿐이다. 노송을 찾아 보기가 힘들다. 이십여년전 능서면 노인분을 뵌적이 있었다. 한국전쟁 이후 집을 다시 지을때 밤마다 영릉 소나무를 몰래 베어다 기둥, 서까레로 사용하였다고 한다. 인근에 변변한 소나무숲이 왕릉뿐이니 살아가려면 그렇게 할 수 밖에 없었을 것이다.

영릉(寧陵) 재실은 보물로 지정됨. 키 큰 향나무가 보호하고 있다(19.05.23)

재실로 드는 문으로 아담하다(19.05.23).

재실 담장을 안고 있는 느티나무 거목 뿌리목 (19.05.23)

천연기념물로 2005. 04. 30에 지정된 회양목은 수령이 3백년 정도라 함(19.05.23)

향나무 거목의 줄기(19.05.23)

재실에서 영릉(寧陵)에 이르는 길섶에 수형은 불량하지만 장령목의 소나무가 반긴다(19.05.23)

32년전에도 홍살문을 소나무들이 에워싸고 있었다(87.04.25)

금천교 너머에 정자각이 서 있다. 정자각 오른쪽 뒤로 인선왕후능이 살짝 보인다(19.05.23)

수라간위로 소나무가 많지 않다(19.05.23)

수형이 불량한 장령목의 소나무들(19.05.23)

효종대왕릉보다 앞쪽이면서 아래쪽에 위치한 인선왕후릉(19.05.23)

효종대왕릉에 이르는 곧은 길과 굽은 줄기 소나무가 대조적(19.05.23)

효종대왕릉 서쪽 소나무띠에는 어린 소나무가 많이 식재되었다(19.05.23)

1987년에는 키 큰 참나무들이 많이 보였다(87.04.25)

능에서 수라간에 이르는 길섶에 많은 소나무가 식재되었다(19.05.23)

효종릉 동쪽 숲에도 전나무가 섞여 있다(19.05.23)

장령목 소나무들이 외롭다(19.05.23)

길섶에 굴참나무, 갈참나무 등의 참나무 장령목이 서 있다(19.05.23)

소나무들 앞에 단풍나무들이 식재된 것이 합당한 일인지(19.05.23)

소나무들과 잣나무가 어울려 있다(19.05.23)

3. 영릉 길숲

평범한 소나무 위주의 길이다. 몇 군데 밀집된 소나무숲도 보이며, 대체로 30~50년생 소나무가 주를 이루고 있다. 대부분 줄기가 굽고 가지가 굽은 불량한 개체들로 구성되어 있다.

한국전쟁이후 이웃 주민들에 의해 기둥을 위한 벌채뿐만 아니라, 연료 채취가 계속 이루어 졌다고 한다. 10여년 동안 모든 소나무들이 수난을 당했으니 멀쩡한 나무가 남아 있을 수가 없다. 작은 소나무들이 심겨 있는데 좋은 소나무가 아니다. 돈 들여 괜한 고생만 한 것 같다.

영릉 길섶에 자라고 있는 오리나무들(19.05.23)

대경목 사이에 우량한 어린 소나무를 식재하였다 (19.05.23)

과거의 소나무들은 불량한 소나무들만 남았다 (19.05.23)

줄나무로 심겨진 단풍나무들(19.05.23)

길섶에 심은 전나무들도 볼 수 있다(19.05.23)

나이 어린 소나무숲. 간벌이 필요하다(19.05.23)

소나무 줄기가 여러 형태인지라 번잡스럽다(19.05.23)

줄기가 곧은 전나무와 줄기가 굽은 소나무가 몸매 자랑을 한다(19.05.23)

수관폭이 상당히 넓은 소나무(19.05.23)

소나무숲속에 참나무들이 억세게 자라고 있다(19.05.23)

왼쪽 길섶에 오리나무들이 자라고 있다(19.05.23)

길섶의 잣나무 위용(19.05.23)

4. 왕의 숲길

거리는 7백m이며, 해설판 설명에 의하면 숙종, 영조, 정조가 직접 효종대왕 능을 참배한 후, 이 길로 세종대왕릉으로 향하였다고 한다.

본 길숲은 소나무들은 별로 없고, 낙엽활엽수들이 주를 이룬다. 몇 주의 소나무들도 불량 개체들만 남아 있다.

낙엽활엽수중 2019년 5월에 꽃이 만발하게 핀 신나무를 볼 수 있었다. 단풍나무 일종으로 잎이 3개로 갈라지고, 우리나라 야산에서 흔히 볼 수 있으며, 가을에 잎이 붉게 단풍든다. 이런 특징을 갖고 있어서 스님들의 옷을 회색으로 염색하는 재료로 잎을 사용하였다고 한다.

한 지역 경사지에서 작은 서어나무숲을 볼 수 있었다. 졸참나무가 섞여 있는 숲이었다. 서어나무 평균 수령은 30~40년생 정도이었다. 왕의 숲길은 소나무숲을 고집할 것이 아니라 서어나무가 주를 이루는 낙엽활엽수림으로 관리하는 것도 하나의 방법이다.

왕의 길은 과거 왕들이 효종릉에 참배하고 이길을 걸어 세종대왕릉을 참배하였으며 거리 7백m(19.05.23)

왕의 길 입구 소나무 줄기가 둘로 갈라졌거나, 휘었다(19.05.23)

소나무 네 주가 제멋대로 자라고 있다(19.05.23)

평지 소나무가 야밤 벌목이 심한 시대를 어떻게 피했을까(19.05.23)

오리나무들(19.05.23)

못 생긴 소나무 두주가 힘겹게 살고 있다.(19.05.23)

어떤 환경에서도 잘 사는 때죽나무 꽃이 활짝 피었다 (19.05.23)

활엽수림중에 서어나무가 몇 주 살고 있다(19.05.23)

길섶에 전나무 여러주가 잘 자라고 있다(19.05.22)

활엽수숲에 오동나무도 가세할 모양(19.05.23)

귀룽나무 거목(19.05.23)

오리나무군락(19.05.23)

새종류가 만지지 않아도 눈이 느끼는 감촉은 매우 부드럽다(19.05.23)

우량한 소나무를 만나기는 불가능. 잘 생긴 소나무들은 기둥, 서까레용으로 모두 베어 나갔을테니까(19.05.23)

신나무가 꽃을 피웠다. 숲 변화 단계에서 소나무숲보다 먼저 들어오는 나무(19.05.23)

오리나무가 자라는 습한 곳에 전나무를 심었다(19.05.23)

모처럼 적송을 볼 수 있었다.(19.05.23)

서어나무 대경목의 줄기(19.05.23)

第11부

영월 장릉숲과 청령포 소나무숲

제11부
영월 장릉(莊陵)숲과 청령포(淸泠浦) 소나무숲

1. 장릉(莊陵)숲

장릉은 조선 6대 단종(端宗; 1441~1457, 재위 1452~1455)의 능으로 왕릉중 유일하게 강원도에 위치한다. 왕위에서 폐위되어 영월로 귀양을 온 후, 사약을 받아 이곳에 묻혔다. 오랜 세월이 지나 사면이 되어 왕릉으로 승격되었다.

왕릉은 홍살문과 정자각이 산 아래, 능은 산 위에 조성되어 있다. 능이 위치한 지역은 소나무 숲길을 걸아야 하는데, 줄기가 붉고, 통직한 소나무들로 구성되어 있다.

홍살문과 정자각이 위치한 저지대에는 370년생의 느릅나무 보호수를 비롯하여 배수로 남쪽에서 소나무숲을 만날 수 있다. 배수로 크기를 보아 저지대에 오리나무가 자랄 수 있는 습지 보전은 힘들겠다. 재실 안밖에서 장령의 향나무와 홍단풍 무리를 볼 수가 있다. 노무라(野村)단풍인 홍단풍은 열매도 붉은 색. 일본이 원산지인데...

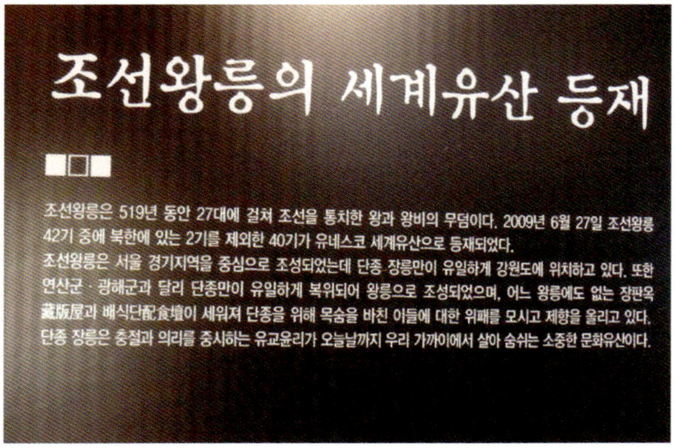

장릉은 조선왕릉중 유일하게 강원도에 위치. 단종(1441~1457, 재위 1552~1555)은 재위중 영월로 귀양, 사약을 받았고, 후에 복위됨(19.05.24)

재실 인근 숲의 초여름 풍광. 향나무, 전나무가 다른 나무보다 키가 크다(19.05.24)

재실, 정자각은 하단부, 능은 상단부 위치. 능 가는길은 소나무숲길(12.03.23)

느티나무 고목 줄기(19.05.24)

숲길 낙락장송의 소나무들. 줄기가 곧고, 붉은색. 모든 능 소나무는 이정도는 되어야 하지 않을까(12.03.23)

돌틈에서도 소나무가 자라고 있다(19.05.24)

능 가는 길섶에는 곳에 따라 굴참나무들도 많이 자라고 있다(19.05.24)

모든 소나무 줄기가 곧다(19.05.24)

정자각 서쪽산은 소나무가 주를 이루고 있는 숲(19.05.24)

능 뒷쪽 소나무들이 키가 제각각이다. 심은 시기가 다르다(01.10.06)

과거 11년동안 소나무들이 컸지만 아직도 성글다 (12.03.23)

7년이 지나 소나무들이 많이 커졌다. 그러나 중앙 활엽수가 마음에 걸린다(19.05.24)

능과 정자각을 연결하는 숲으로 일부 활엽수들을 베어내고, 어린 소나무들을 식재하였다(12.03.23)

소나무들이 많이 자라 소나무숲띠 역활을 하고 있다 (19.05.24)

가까이에서 보면 앞면에 전나무, 뒤면에 소나무를 식재 (19.05.24)

줄기가 경사진 소나무 가지가 상부부터 죽기 시작했다 (19.05.24)

왕팽나무 잎. 잎끝이 꼬리처럼 길다(19.05.24)

하단부 홍살문 내부 전경(19.05.24)

대경목 느티나무 줄기(19.05.24)

지방보호수인 370년생의 느릅나무. 수고 22m, 나무둘레 3.9m. 가지들의 섬세한 면을 볼 수 있다(12.03.23)

초여름 느릅나무 모습. 진정한 모습에 옷을 입어 약간 과장된 면이 있다(19.05.24)

하단부에서 능 머리칼이 보일락 말락(12.03.23)

비각에서 상부 소나무숲까지 소나무를 식재하여 띠를 만들려고 시도하였다(12.03.23)

지난 7년동안 소나무가 많이 자라 띠 역활을 곧 할것 같다(19.05.24)

하단부 소나무숲(12.03.23)

소나무 수피가 거북등 모양과 똑 같다(12.03.23)

배수로를 깊게 파서 물 빠짐만 생각했다. 습지가 계속 건조화 될것이다(19.05.24)

재실안의 대경목 향나무가 돋보인다(12.03.23)

노무라단풍은 열매도 붉다(19.05.24)

향나무옆에 노무라단풍을 심었다(19.05.24)

2. 청령포(淸泠浦) 소나무숲

단종이 귀양을 와서 지내던 장소로 줄기가 곧고, 붉은 줄기를 가진 노송들이 숲을 이루고 있는 지역이다. 삼면이 강으로 에워 싸여 있고, 남은 한쪽은 절벽인 지역으로 배를 타야만 출입이 가능하다. 청령포 곳곳에 단종의 애환이 깃들어 있는 애뜻한 장소이다. 현장 설명문이 안내를 하고 있다.

본 지역내에는 천연기념물로 지정된 관음송(觀音松)이 약 6백년 정도의 수령을 갖고 있다고 한다. 이 소나무는 키가 30m에 이르는 거대한 나무로서, 단종의 비참한 모습을 보고, 들었다하여 관음송이라 부르고 있다고 한다.

청령포 서쪽 절벽산은 육육봉(六六峯)으로 석회암이 노출되어 있다. 석회암 지대에서 자생하는 수목을 볼 수가 있다. 대표적인 수목으로 회양목이며, 건조하고 척박한 지역에서 자라는 굴참나무, 떡갈나무, 개서어나무, 키 작은 소나무 등을 만날 수 있는 흥미로운 장소이다.

단종이 유배생활을 하였던 청령포로 가려면 배를 타고 건너야 된다(19.05.24)

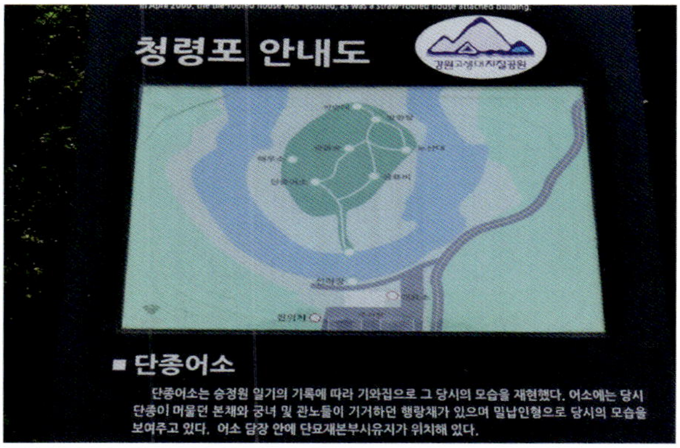

단종어소가 있는 청룡포는 삼면이 강이 에워싸고 북쪽은 절벽이다(19.05.24)

청룡포 입구. 전지역이 소나무숲이다(19.05.24)

나무데크를 설치한 탐방로를 따라가면 낙락장송을 만난다. 대체로 줄기가 곧다(12.03.23)

줄기가 붉은 소나무도 많이 보인다(12.03.23)

대형 소나무의 수관이 넓다.(12.03.23)

어소안으로 소나무가지가 담장을 넘어 왔다. 안 사정이 몹시 궁금한 모양이다((12.03.23)

옛 기록대로 어소를 기와집으로 복원하였다고 한다. 대형 소나무들이 어소를 보호한다(12.03.23)

단종과 양반을 밀납인형으로 당시 모습을 보여주고 있다(19.05.24)

대형 소나무들 밀도가 높다(12.03.23)

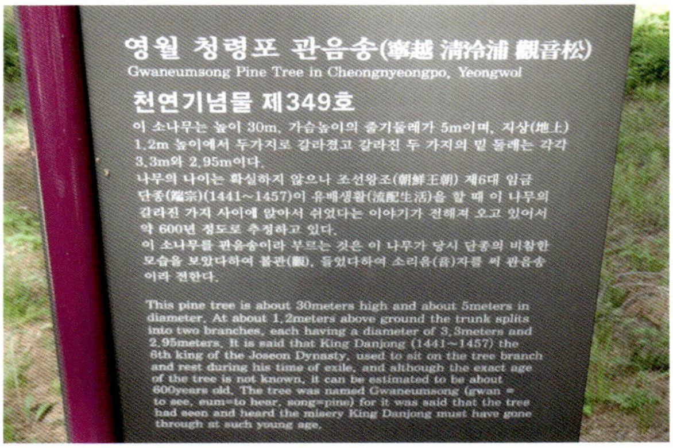

천연기념물인 관음송(觀音松)에 대한 설명문(19.05.24)

관음송(觀音松)이라 부르는 것은 이나무가 단종의 비참한 모습을 보고, 들었다 하여 붙여진 이름(12.03.23)

관음송은 수령이 약 6백년, 키가 30m, 지상 1.2m에서 줄기가 갈라짐. 둘레는 각각 3.9m, 2.95m(12.03.23)

관음송의 줄기. 거북등 무늬로 상서로움을 상징한다(12.03.23)

관음송의 품위에 맞게 청룡포 소나무들은 오늘도 겸손하게 살아간다(19.05.24)

새롭게 식재한 소나무들 수형이 기존 장령 소나무들을 쫓아가지 못할 것 같다(19.05.24)

피나무 종류인 염주나무. 피나무에 비해 잎이 크다(19.05.24)

생강나무 잎(19.05.24)

단종이 청룡포에서 유배 생활을 할때, 한양을 그리며 쌓았다는 돌탑(19.05.24)

척박한 석회암에서 자라고 있는 개서어나무 줄기와 잎. 척박하여 여러개 줄기로 자라고 있다(19.05.24)

석회암지역 지역에서 잘 자라는 회양목(19.05.24)

북쪽은 절벽이다(17.07.24)

동강이 청령포를 휘돌아 나가고 있다(19.05.24)

왕팽나무 잎(19.05.24)

떡갈나무 잎(19.05.24)

떡갈나무 줄기(19.05.24)

물푸레나무 잎과 열매(19.05.24)

음나무 잎(19.05.24)

소나무 두 주가 석회석 암반에서 자라는데 키가 크지 않다(19.05.24)

노산대. 단종이 노산군으로 강등, 유배 시절 이곳에서 해질무렵 한양을 바라보며 시름에 잠겼던 곳(19.05.24)

뽕나무 잎(19.05.24)

힘들게 자라고 있는 소나무 줄기가 탐방객들 머리 위로 늘어져 있다(19.05.24)

여러 주 어린 소나무를 식재하였다.(19.05.24)

소나무마다의 수관폭이 매우 좁아 많은 나무가 함께 살고 있다(12.03.23)

굴참나무 줄기(19.05.24)

밀도가 높으니 개체별로 잘 클 수가 없다. 간벌을 해주어야한다(12.03.23)

제12부

준경묘와 영경묘숲

제12부
준경묘와 영경묘숲

1. 준경묘(濬慶墓)숲

강원도 삼척시 미로면 삼기리에 위치한다. 현장 설명문에 의하면 조선조 태조(이성계)의 5대조이며 목조(穆祖; ?~1274)의 아버지 이양무(李陽茂) 장군의 묘이다. 이양무 장군이 아들인 목조와 전주에서 이곳으로 옮겨와 생활하다가 별세하였다. 목조는 함경도로 이주하였기에, 수백년 동안 무덤을 찾지 못하다가 고종때 1899년에 묘소를 수축하였다. 묘소 주변의 광대한 부지에 소나무 종자와 묘목으로 소나무숲을 조성하였다. 지금의 소나무들 나이는 120년생 이상이다.

강원도 기념물로 지정되어 있다. 왕릉으로 부르지는 않지만 우리나라의 대표적인 금강송숲의 묘소인지라 본 항목에서 소개하는 것이다. 백두대간중 설악산 아래에 위치한 두타산(1,357m)을 주산으로 하고 있다. 백두산의 내맥이 연결된 묘소이다.

소나무 줄기가 곧고, 수피가 붉은 나무들로 우리나라 소나무 생태형(生態型)은 6종류인데, 가장 형질이 우수한 금강형(金剛型)에 속한다. 일부 지역에 산불로 소나무를 다시 식재한 지역이 있다. 문화재청 관리당국에서 준경묘 소나무 종자를 채취하여 포트에 파종, 포트묘로 키워 식재하였다고 한다. 식재한 소나무들을 가지치기 등의 관리를 잘하여 10여년동안 관리를 하였다고 한다. 이렇게 관리한 소나무들 수고가 5m가 넘었고, 줄기가 통직하며 우듬지가 모두 살아 있어 왕성한 생장을 하고 있다.

지금은 정년퇴임하신 문화재청 임업직 직원분이 아이디어를 내고, 현지에서 직접 포트묘목를 생산하여 산불 발생 현장에 식재한 것이다. 아울러 중부지역 왕릉 소나무도 포트묘 소나무를 식재하였다고 한다. 그 분이 직접 우리를 현장에서 안내한 2012년 3월 24일은 캄캄한 밤중에 횃불을 만난 것처럼 기뻤다. 정말 감격스러운 날이었다.

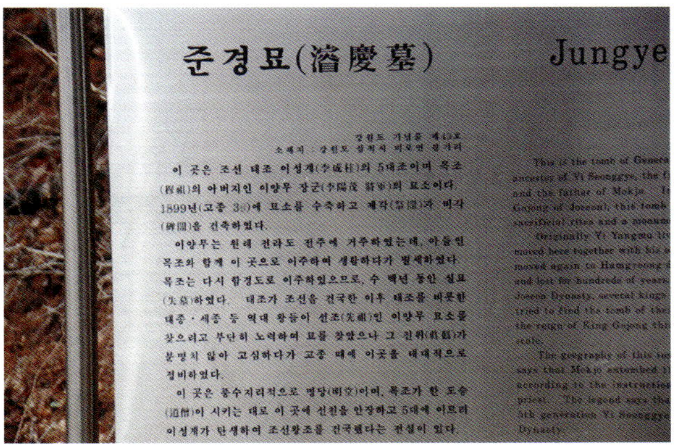

준경묘는 조선 태조 이성계 5대조, 목조의 부친 이양무장군 묘소. 1899년(고종36)에 묘소 수축, 주변 소나무숲에 파종 내지 묘목 식재(12.03.24)

준경묘는 강원도 삼척시에 위치. 배두대간의 두타산(1,353m)이 조산. 능은 아니지만 소나무 수형이 모범적이라 수록함(12.03.24)

한반도의 지리체계는 백두대간과 1개 정간, 13개의 정맥으로 구성된다. 두타산은 백두대간에 포함됨(12.03.24)

산속에 조경수처럼 수관이 고운 소나무가 보인다(12.03.24)

홍살문 동쪽 숲으로 줄기색이 붉은 적송으로만 구성되어 있다. 왕릉 소나무들의 표준형(13.09.27)

묘 동쪽 소나무숲띠. 조선 능에서 볼 수 없는 소나무경관(12.03.24)

묘 뒤의 소나무띠. 이 정도는 되어야 전 세계인들에게 능 경관의 우수성을 알릴수 있지 않을까(12.03.24)

홍살문 동쪽 소나무가지들이 팔을 길게 펴고 있다(13.09.27)

홍살문 밖 소나무숲도 한결같다(12.03.24)

대체로 평균 수고가 25m 내외에 이르는 장령목으로 수령이 120년생 소나무 모습(12.03.24)

적송들 수관폭이 좁아 밀도가 높다(13.09.27)

묘를 뒤로하고 주변 소나무숲으로 발길을 옮긴다(12.03.24)

줄기가 곧은 소나무 두 주가 함께 서 있다(12.03.24)

오른쪽 적송들은 검은 색 수피가 너무 올라가 좋은 적송에 끼지 못한다(12.03.24)

이런 우량한 소나무들 생태형은 금강형이다(12.03.24)

일제 강점기, 혹은 1960년대 송진 채취흔적을 죽을때까지 계속 흔적을 안고 간다(12.03.24)

금강형은 백두대간을 중심으로 분포. 이런 생태형이 중부 지방에서도 그대로 유전되는지는 확실치 않다(12.03.24)

거북등 무늬가 상서로움을 상징. 가능한 왕릉 주변 소나무들은 이런 줄기 소나무들이 많아야 한다(12.03.24)

줄기가 곧은 소나무 세 형제가 이마를 맞대고 속삭인다(12.03.24)

주변 나무들 밀도가 낮아 수관이 마음껏 자란 소나무(12.03.24)

사람 크기와 비교되는 금강형 소나무들 위용(12.03.24)

산불 흔적이 있는 고목의 소나무(12.03.24)

산불이 일어난 지역에 새롭게 소나무 포트묘를 심었다(12.03.24)

새로 심은 소나무들 우듬지가 살아있고 최근 생장도 잘 되고 있다(12.03.24)

식재한지 10여년이 지나자 밑의 가지들을 잘라냈다.(12.03.24)

기형적으로 마음껏 자란 장령의 소나무(12.03.24)

소나무 분포 한계선이 드러나 있다(12.03.24)

소나무들은 전봇대처럼 곧게 자랄 수도 있다(12.03.24)

30년생 정도의 소나무들이 집단적으로 자라고 있다. 밀도가 높다(12.03.24)

식재한 소나무들 밀도가 높아 간벌이 필요한 시기이다(12.03.24)

준경묘로 가는 길 소나무숲(12.03.24)

밀도가 낮으면 수관 잎의 양이 많아 보인다. 그러나 잎량은 밀도와 상관없이 비슷하다(12.03.24)

앞의 장령 소나무 밀도가 낮고, 뒤편 나이가 젊은 소나무들 밀도가 높다(12.03.24)

산불이후 자생적으로 자라난 소나무들. 활엽수들과 경쟁해야 한다(12.03.24)

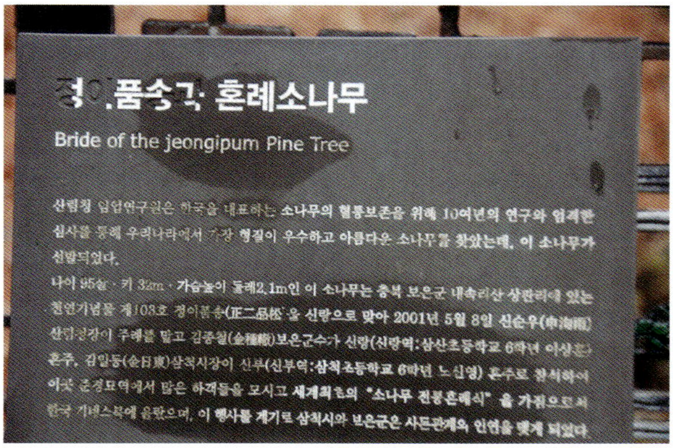

나이 95년, 키 32m, 가슴높이 둘레 2.1m인 이나무를 신부, 보은 정이품송을 신랑으로 2001년에 혼인을 함(12.03.24)

현재 105년된 신부 소나무. 줄기가 곧다(12.03.24)

신부 소나무의 수피. 정말 상서롭다(13.09.27)

대경목 소나무들이 각자 영역을 형성하고 있다(12.03.24)

2. 영경묘(永慶墓)숲

이양무 장군 부인이며, 태조의 5대 조모(祖母)인 이씨의 묘이다. 역시 1899년에 묘소를 수축하고, 부지내에 소나무 종자 파종 내지 묘목을 심어 이룬 소나무숲이다.

소나무들은 준경묘와 마찬가지로 금강형으로 줄기가 곧고, 수피가 붉은 우량한 나무들이다. 우리나라에서는 백두대간 지역에서만 볼 수 있는 소나무 미림(美林)이다. 영경묘는 준경묘에서 3.6km정도 떨어진 삼척시 미로면 동산리에 위치한다. 준경묘와 동일하게 두타산(1,357m)을 조산으로 하고 있어 백두산의 내맥이 연결된 묘이다.

영경묘는 이양무장군의 부인 묘소로 준경묘에서 3.9km 떨어져 있다(12.03.24)

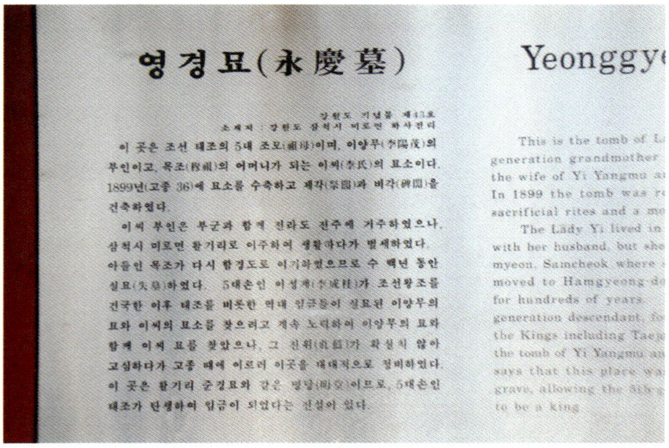

영경묘도 1899년에 수축하고 주변 소나무숲을 가꾸었다(12.03.24)

홍살문에 이르는 소나무숲 길. 키가 일정하지 않다(12.03.24)

장령 소나무들이 각자 영역을 확보하고 있다(12.03.24)

묘 주변숲의 금강형 소나무들(12.03.24)

홍살문 왼쪽의 적송들(12.03.24)

정자각 서쪽 소나무숲은 이단숲이다. 앞에 최근 식제한 소나무들이 보인다(12.03.24)

정자각 후면으로 이단숲이 보인다(12.03.24)

묘 후면 소나무들은 식재한지 얼마되지 않는다(12.03.24)

비각 옆으로도 어린 소나무가 보인다(12.03.24)

적송들 일가(12.03.24)

소나무숲에 간혹 활엽수들이 자라고 있다(12.03.24)

소나무들 나이가 서로 다르다. 심었을까, 자연발생 했을까(12.03.24)

어린 소나무들이 많이 보이는 소나무 집안(12.03.24)

영경묘 인근 소나무숲은 소나무가 없는 자리에 자연 발아된 소나무들이 자라고 있다(12.03.24)

암반에서도 소나무들이 자라는데, 건조하고 척박한 곳에서도 자랄수 있다(12.03.24)

참고문헌

1. Carlo Rossetti. 1904. Corea e Coreani. 유종태, 김은용 역. 1994. 꼬레아 꼬레아니. 서울학연구소. 442pp.
2. 문화재청 조선왕릉관리소. 2018. 왕에게 가다. 50pp.
3. 오구균, 서민환, 정승준, 이유미. 2005. 손에 잡히는 생태수목도감. 광일문화사. 350pp.
4. 이경재, 한봉호, 최인태외 7인. 2008. 창덕궁후원 생태경관보전지역 관리계획 수립 연구.서울특별시. 136pp.
5. 이경재, 한봉호, 최진우외 4인. 2009. 창덕궁후원 생태경관보전지역 관리 계획. 서울특별시. 156pp.
6. 이경재. 2019. 서울 남산숲 40년(1978~2018)간의 변화. 광일문화사. 372pp.
7. 임경빈. 2019. 이야기가 있는 나무백과 1. 서울대학교출판문화원. 320pp.
8. 임경빈. 2019. 이야기가 있는 나무백과 2. 서울대학교출판문화원. 296pp.
9. 임경빈. 2019. 이야기가 있는 나무백과 3. 서울대학교출판문화원. 332pp.

참고리플렛

1. 문화재청조선왕릉관리소. 조선왕릉과 왕실계보.
2. 문화재청, 창덕궁,
3. 문화재청, 창경궁.
4. 문화재청 조선왕릉관리소 중부지구관리소. 서울 선릉(宣陵)과 정릉(靖陵).
5. 문화재청 조선왕릉관리소 중부지구관리소. 서울 헌릉(獻陵)과 인릉(仁陵).
6. 문화재청 조선왕릉관리소 중부지구관리소. 태릉(泰陵)과 강릉(康陵).
7. 문화재청 궁중유적본부 조선왕릉동부지구관리소. 구리 동구릉(東九陵).
8. 문화재청 조선왕릉관리소 동부지구관리소, 홍릉(洪陵)과 유릉(裕陵).
9. 문화재청 조선왕릉관리소 동부지구관리소. 남양주 광릉(光陵).
10. 문화재청 세종대왕유적관리소. 세종대왕 영릉(英陵)과 효종대왕 영릉(寧陵).
11. 영월군. 영월장릉.
12. 영월군. 청령포